TIAGO PETRECA

DO
MINDSET
AO
MINDFLOW

COMO SER O SEU MELHOR EM UM MUNDO DE TRANSFORMAÇÕES

TIAGO PETRECA

DO MINDSET AO MINDFLOW

www.dvseditora.com.br
São Paulo | 2020

Do Mindset ao Mindflow

DVS Editora Ltda. 2020 – Todos os direitos para a língua portuguesa reservados pela Editora.

Nenhuma parte deste livro poderá ser reproduzida, armazenada em sistema de recuperação, ou transmitida por qualquer meio, seja na forma eletrônica, mecânica, fotocopiada, gravada ou qualquer outra, sem a autorização por escrito dos autores e da Editora.

Design de capa: *Rafael Brum*
Projeto gráfico e composição de miolo: *Renata Vidal*
Revisão: *Leandro Sales*

```
      Dados Internacionais de Catalogação na Publicação (CIP)
             (Câmara Brasileira do Livro, SP, Brasil)

   Petreca, Tiago
      Do Mindset ao mindflow : como ser o seu melhor
   em um mundo de transformações / Tiago Petreca. --
   São Paulo : DVS Editora, 2020.

      ISBN 978-85-8289-240-4

      1. Autoconhecimento 2. Autodesenvolvimento
   3. Desenvolvimento pessoal 4. Mudança de atitude
   I. Título.

20-32575                                         CDD-150
```

Índices para catálogo sistemático:

1. Mindset : Comportamento humano : Psicologia   150

Iolanda Rodrigues Biode - Bibliotecária - CRB-8/10014

Nota: Muito cuidado e técnica foram empregados na edição deste livro. No entanto, não estamos livres de pequenos erros de digitação, problemas na impressão ou de uma dúvida conceitual. Para qualquer uma dessas hipóteses solicitamos a comunicação ao nosso serviço de atendimento através do e-mail: atendimento@dvseditora.com.br. Só assim poderemos ajudar a esclarecer suas dúvidas.

• • •

"Tendo o "chega!" como ponto de partida, este livro proporciona aos leitores a oportunidade de acompanhar uma viagem de ideias que trilham tendências bastante inovadoras sobre a desconstrução e construção de modelos mentais, baseados em níveis neurológicos.

Além de revelar muito de si e de sua trajetória, o autor compartilha opiniões e experiências, propõe auto-reflexões e procura sintetizar o que seria sua visão de mundo.

Dá a impressão de que estamos ouvindo o Tiago, bem à nossa frente, "pensando alto" no sofá de sua sala, enquanto embarcamos nessa viagem desfrutando de um bom "cafezim" do Sul de Minas!"

WALTER REGINA

CEO da EVOLVERS Governança & Integridade e Sócio da Olivetti & Regina Advogados.

• • •

• • •

"O livro do Mindset ao Mindflow é de grande importância para caminharmos e seguirmos evoluindo neste contexto dinâmico em que vivemos hoje! Precisamos reconhecer os momentos em que as soluções conhecidas já não funcionam mais. Nestes momentos precisamos desapegar e desenvolver novos caminhos, soluções e principalmente navegar entre diferentes modelos para podermos seguir a diante! Este livro ilumina este caminho que precisamos percorrer!"

Igor Cozzo

Diretor da ABTD – Associação Brasileira de Treinamento e Desenvolvimento

• • •

• • •

"Petreca desenvolve o tema com grande maestria, levando o leitor a uma imersão em si mesmo, embasado e sustentado por várias teorias e em uma profundidade que proporciona um evoluir constante. O livro passa por conceitos fundamentais ao entendimento das bases para o mindset e de como fazer para mover-se em direção ao mindflow. De conceitos, histórias e casos e finalizando com uma série de práticas, exercícios e reflexões ele nos remete a uma jornada maravilhosa do ser e do humano."

Paulo Amorim
CEO da CENEX – Centro de Excelência Empresarial

• • •

• • •

"Às vezes uma pessoa é grande, grande mesmo, em tamanho, e isso costuma passar uma ideia de força. Às vezes ela é grande por dentro. Tem uma força interior impressionante. Outras vezes, e essas são raras, a pessoa tem as duas grandezas: a do corpo e a da alma. Tiago Petreca é uma dessas raras pessoas que são capazes de nos trazer tranquilidade, alegria e jovialidade apenas com sua presença forte e alegre; ao mesmo tempo, ele tem essa incrível potência interior que, de quebra, generosamente compartilha.

Eu fico pensando, se ele é capaz - e é - de me deixar em êxtase com poucos minutos de condução de uma simples palestra, o que dizer do que é capaz de fazer com um livro inteiro?

Parabéns, meu amigo-irmão por sua inteligência, sagacidade, disciplina, afetividade, sensibilidade, autenticidade - quanto espaço eu tenho mesmo pra descrever suas qualidades que tanto admiro? E obrigada por sua generosa capacidade de simplificar tudo que ensina, me fazendo sentir ainda mais inteligente do que era antes de você começar a falar."

Inês Cozzo
Psicóloga especialista em Brain-based Solutions e
Co-Fundadora e Diretora da T'AI Consultoria

• • •

Sumário

13 **Prefácio**

15 **Prólogo**

17 **O Início**

21 **Uma história particular sobre o essencial**

23 **Para ler este livro**

26 **Parte 1 – Encontro de visões**
27   Manifesto
29   Meu manifesto
31   Do que se trata o tema do "Mindset ao Mindflow"?
38   A quem?

42 **Parte 2 – Distorções no direcionamento e o contexto que se deve considerar**
43   O propósito e o Mindflow
47   Propósito e o contexto organizacional
50   Terreno e semente
52   O excesso e (algumas de) suas implicações
57   A transformação das eras, um nano histórico
59   Um mundo de dispersão

64	**PARTE 3 – OS ELEMENTOS ESSENCIAIS PARA ENTENDER O MINDSET E O MINDFLOW**
65	MEU MINDSET
69	AGORA
76	UM DIÁLOGO
86	**PARTE 4 – E O MINDSET PARA O FUTURO? INDO AO MINDLFOW**
87	EVOLUÇÃO
94	O MINDSET DO FUTURO
98	O FUTURO DO SER HUMANO É O OUTRO SER HUMANO
101	MINDFLOW DO FUTURO
104	O MINDSET DO FUTURO E O TORUS!
108	**PARTE 5 – ALGUNS INFLUENCIADORES E COMPONENTES DE SEU MINDSET**
109	PERGUNTAS
111	MINDSET, MODELO MENTAL, MENTALIDADE, FORMA DE VER O MUNDO
117	O MODELO MENTAL NÃO É SÓ MENTAL
120	LIMITE X FRONTEIRA
123	AS TRÊS INTELS
128	**PARTE 6 – O CONSTRUCTO ESTRUTURANTE DO MINDSET E DO MINDFLOW**
129	NÍVEIS NEUROLÓGICOS
133	O MODELO MENTAL PARA OLHAR OS NÍVEIS NEUROLÓGICOS
136	OS NÍVEIS NEUROLÓGICOS
140	UM EXEMPLO A QUE FUI EXPOSTO
145	A MENTE E O CORPO, UM SISTEMA ÚNICO
148	DE BAIXO PRA CIMA

150 **PARTE 7 – E SE NÃO TEMOS CONSCIÊNCIA DE NOSSO MINDSET? E ENTÃO?**
151 Você deixa o seu mindflow na porta antes de entrar na empresa
153 Líder autêntico
159 C.E.I.
163 Contexto
166 Estado de presença!
169 Identidade
181 Impulsos
186 Hábito

190 **PARTE 8 – DO SEU MINDSET AO SEU MINDFLOW. COMO FAZER!**
191 Qual o Modelo Mental que melhor representa minha autenticidade?
193 Qual o significado de sua existência?
209 Mindflow na era da Transformação Digital

218 **PARTE 9 – APLICANDO O MINDFLOW NO CONTEXTO DA APRENDIZAGEM (CORPORATIVA E PESSOAL)**
219 Como eu faço?
222 Os 4 passos para desenvolver a essência de um programa de aprendizagem
227 A caminhada do gigante

234 **ENFIM, O SEU COMEÇO!**

238 **METAFÓRICO**

244 **BIBLIOGRAFIA**

Prefácio

Uma rica viagem!
Sim, é como eu poderia definir esse encanto literário que você está prestes a descobrir.

Nesta prazerosa jornada, o autor, professor, empreendedor, apresentador e mestre da comunicação, nos inspira a desafiar a nossa insatisfação com o *status quo*, a despertar sobremaneira o nosso inconformismo e buscar algo mais. Algo que possa ressignificar nossa visão de mundo e nos dar a conscientização de que nossas atitudes podem inspirar todos que nos cercam.

E assim, utilizando um viés poético, porém de forma pragmática, somos encorajados a repensar tudo quanto é possível: nossas escolhas, nossos comportamentos, nossas reações perante as adversidades, nossas fortalezas e nossas fraquezas.

No mundo acadêmico, corporativo e literário, muito se fala de propósito, mudanças, atitudes positivas, *agile*, digital, inovação. São temas através dos quais influenciadores podem inspirar os demais a embarcar nas ondas da transformação e projetar um futuro mais veloz, mais conectado, mas também mais humano. E essa "humanabilidade" se tornará cada vez mais relevante em um contexto futurístico que já é presente.

A julgar pelo que é relatado nesta obra, o autor nos dá a permissão de ouvir a nossa voz interior, a viajar em nossa intimidade, a percorrer também os meandros de nossas infâncias. Só não nos é permitido modificar o ontem, mas certamente começar a rever como poderemos traçar um novo amanhã.

"O que antes era um limite, hoje se transforma em uma fronteira" (frase do autor). E através desse lirismo concreto, com um linguajar típico de quem sabe encantar plateias, é que *Do Mindset ao Mindflow* nos convida a percorrer e desfrutar dessa obra.

Sonhamos tanto em mudar o mundo, contudo sabemos das enormes barreiras para tal. Entretanto, mudar o modo como vemos o mundo pode ser muito mais fácil. Reflita sobre isso. Mergulhe nisso. A atenta leitura das próximas páginas poderá fazer você romper muros e grades. Cabe a cada um definir os próximos passos.

Sentem-se confortavelmente e boa viagem.

Márcio Adriani Damazio

Prólogo

Chega! Essa pequena palavra, escondida muitas vezes em nossos pensamentos e ações, também se revela sorrateira e tímida nas linhas que seguem neste livro. Acanhada muitas vezes, mas que nos cutuca fortemente. Tímida por vezes e agressiva em alguns casos, ela pode nos levar a ação. E leva sim! Poucas letras que expressam muita coisa. Por vezes angústia, tristeza ou um simples "saco cheio" mesmo. A simplicidade de sua existência revela-se menos simples quando de fato nos leva a considerar fazer algo diferente.

"Chega" tem alguns colegas de jornada. O medo é um deles, nossas crenças e valores atuam em sobremaneira em sua intenção de nos levar a agir. E leva, mais cedo ou mais tarde.

Para olhos atentos, este livro carrega muitos "chega." Na verdade um chega deste que vos escreve. Um chega daquilo que não dá mais, daquilo que nos corrói, que nos consome. Daquilo que nos faz repensar a vida. Basta! Outra palavra que, irmã do Chega, creio que gêmea, nos empurra ao desconhecido. A descoberta de algo novo nos é interessante, mas somente se nos agrada, não é?

Neste livro cito Frederic Laloux que em sua pesquisa descobriu empresas cujos líderes ouviram seu mais íntimo "Chega!" se moveram, quebraram regras, sem desrespeitar leis. Quebraram crenças sem se quebrarem. Seguiram adiante, deixando o passado em seu lugar, no passado. Criaram um novo futuro motivados pelo chega. Chega disso que não fala mais comigo, que não reflete mais quem sou. Tenso esse movimento por vezes. Tenso por conta de muitas crenças, de muitas falas, de muitos gurus, de muitas visões de mundo que destoam de nossa própria visão.

Chega! Basta! Já deu! Quantas vezes passamos por isso. Contudo, nem sempre tivemos um auxílio ao longo de uma nova jornada desejada. Não precisamos do fundo do poço. Não precisamos da escuridão, embora muitas vezes nos fazem um bem enorme se nos leva a olhar para cima e buscar a luz. Não da divindade, mas da clareza do que se deve fazer. Fazer o quê? Revelar as razões de seu mais íntimo "Chega", tudo para que possamos chegar em um novo lugar, dentro de nós mesmos. Um lugar que já nos pertence. Nos faz justo por ser quem devemos ser. Laloux usa uma frase que adoro e que cito aqui e mais adiante neste livro: "A Vida é a dançarina e nós a dança."

Chega! É um convite a mergulhar nas razões do que te move, de verdade. Um emergir do que de mais autêntico há em cada um. Defendo isso sim, no intuito de inspirar, promover e provocar reflexões que lhe possam ser transformadoras. Certamente esta obra que multiplico com você carrega minhas próprias crenças que, se ressoarem com você, espero que também possam lhe servir de guia. Contudo, trata-se de uma caminhada, que embora possamos contar com ajuda, deve ser feita sozinho, em solitude, mas não se forma solitária.

Buscar sua autenticidade é uma resposta ao Chega que ressoa em muitos corações, em muitas almas. Minha pretensão, ou posso dizer, minha audácia aqui é lhe trazer palavras que possam servir como um facho de luz que ilumine, mesmo que somente em uma fresta, o ato de ver dentro de si, aquilo que de mais essencial lhe define hoje.

Amanhã, um novo chega pode chegar e quando isso acontecer, nos lançaremos a uma nova jornada.

Espero que goste e aproveite esta pequena viagem que faremos agora.

⊙ Início

Toda Jornada tem seu começo, geralmente com um destino desejado e um caminho imprevisível, embora por vezes conhecido.

Parte da jornada que me trouxe a este livro aconteceu em meio a diferentes e variados estudos. Um deles aconteceu recentemente em Santa Cruz, na Califórnia. Lá tive a oportunidade de passar 3 semanas imerso em um programa de certificação com Robert Dilts, uma dos papas da PNL mundial e criador dos níveis neurológicos, base estruturante para o que vamos tratar aqui.

O meio de minha jornada é o princípio da que faremos juntos nestas páginas. Ao longo de minha estadia nos arredores da Universidade da Califórnia em meio às belíssimas e gigantescas Red Woods (primas mais altas das Sequoias) escrevi aquilo que posso dizer como "minha visão de mundo" e por isso a forma como o meu mindset vai se estruturando.

Para começarmos nossa caminhada, partilho com você esta visão de mundo. Com ela penso que o caro leitor ou cara leitora conhecerá um pouco mais sobre este que vos escreve e assim poderá desde já entender se lhe poderei ser útil. Seja porque pensamos de forma parecida e com isso acrescento àquilo a que você já acredita ou porque você tem uma visão oposta ou apenas diferente e assim lhe ofereço uma outra maneira de ver a vida e com ela expandir seu horizonte.

Quando o mundo nasceu, com ele veio um convite: o de evoluir. O Criador, em sua totalidade tinha o desejo de ver tudo crescer. Porém, tudo o que havia sido criado poderia apenas expandir-se, mas em sua perfeição não poderia ser melhor. Tudo estava pronto! O criador decidiu então se transformar em bilhões de pequenas partes, cada uma contendo uma fração de sua perfeição, mas também com espaço suficiente para evoluir. Quando nascemos, conosco vem um convite: o de crescer, evoluir e expandir ao ponto em que cada parte se una novamente formando um novo todo, ainda melhor do que um dia fora, já perfeito.

Profunda tristeza vem ao Criador quando suas partes não se dedicam à evolução ao seu melhor. O oceano contêm estas tristes lágrimas, mas também nos recorda sobre o quanto somos profundos e imensos. Este é nosso chamado: ser o todo! Minha missão é ajudar a promover o despertar dessas partes convidando-as à reflexão sobre si mesmas, e nesta reflexão ver o todo que habita em cada um de nós.

Gostaria de utilizar os próximos parágrafos como um convite para que você vá comigo viajar um pouco no tempo. Enquanto descrevo brevemente parte de minhas memórias, que você vá também acessando a sua, pois creio que os principais movimentos que fazemos em nossas vidas têm algum tipo de lastro em eventos anteriores, situações que, em algum momento de nossa experiência como seres humanos, marcaram nossa existência. Talvez nem sequer nos lembremos desses momentos a ponto de conectá-los com aquilo que hoje cremos e valorizamos.

Criar este livro é um marco importante na minha história. Trata-se da apresentação de anos de estudos e também de muito daquilo que enquadro como crenças que carrego. Além disso, essas crenças e estudos ajudaram em grande parte a formar o profissional que sou hoje.

Achei que trabalhar o conceito de Mindset fosse algum fruto somente das minhas experiências como empreendedor, vendedor, professor, apresentador de televisão e rádio, além do privilégio que tive de estudar fora do país algumas vezes, bem como ter morado fora quando ainda jovem em um programa de intercâmbio; nossas experiências vão nos formando e essas, claro, me ajudaram a formatar as ideias que tenho hoje. Contudo, uma reflexão me ocorreu. Todas essas experiências poderiam ter dirigido minha formação para outro caminho, então perguntei-me por qual razão a questão do Modelo Mental me veio tão forte. Diante disso fiz um resgate das formações que eram mais específicas como substrato para que eu pudesse construir algo assim, a visão do modelo mental.

Comecei a recuperar como foram meus dias em mais de três anos de formação em Programação neurolinguística e Coaching. Nessas etapas o processo de autoconhecimento é bastante forte, mas ainda eu não estava satisfeito, pois pensava que tinha algo mais, afinal mesmo nessas experiências outros aspectos poderiam me chamar a atenção.

Resgatei então a criação de um programa de liderança que fizemos a dez mãos: eu, Vitor Rodrigues, Regina Lucena, Mitchel Legrand e Layra Okimura. Nessa construção surgiu o principal fio condutor de minha visão sobre o modelo mental, a relação entre Terreno e Semente. A ideia é relativamente simples, sem um bom terreno a semente não vinga; abordarei este conceito com mais detalhes adiante.

Porém, outra vez, ainda não estava satisfeito, pois algo deve ter ocorrido em minha história que criou este olhar tão forte. Sei que não se trata de um único evento, mas creio sim que existe uma fagulha, um início que conduz nosso olhar para as experiências que virão adiante, como se criasse um óculos através do qual começamos a olhar tudo e dar atenção a detalhes específicos. Isso creio que aconteça com você também e é, inclusive, característica central do modelo mental, a forma como olhamos o mundo. Veja, um evento pode direcionar nosso modelo mental.

No meu caso direcionou minha atenção para o próprio tema. No seu caso, meu caro e minha cara leitora, quais aspectos você busca em cada situação que lhe ocorre? Você está atento a isso? Este é outro ponto que retomaremos.

Pois bem, vasculhando as sombras de minha existência passada, mas ainda nesta terra, fui voltando no tempo. Fiz isso tanto de forma reflexiva, pensando sobre o tema, como também através de algumas técnicas de PNL que nos ajudam a entrar em um estado diferenciado de consciência, sem uso de nenhuma substância estranha, que fique claro. (risos).

Nessa retrospectiva revi um momento em minha vida, muitos anos atrás, quando meu saudoso vô Paschoal ainda era vivo e de repente a lição daquele dia fez todo sentido. Olhar o Modelo Mental é buscar o essencial, aquilo que faz a diferença, ou como diz um dos meus grandes mestres, Robert Dilts: "A diferença que faz a diferença."

A experiência daquele dia especial é o que relato para você agora.

Uma história particular sobre o essencial

Minha familia é do sul de Minas. Família simples, trabalhadora, como dizem os mineiros. E, claro, boa de conversa. Papo é o que não falta, acompanhado de um bom cafezinho mineiro, ainda mais do Sul de Minas, local de onde saem os melhores cafés.

Meu avô Paschoal, pai de meu pai, era um homem sábio e tive o privilégio de crescer ouvindo suas palavras. Ele era um mineirinho diferente. Atento aos seus compromissos diários na entrega de leite na região, Paschoal prezava pelo tempo como ninguém. Talvez até demais. Sabemos que os mineiros são geralmente pessoas tranquilas e isso meu avô também era, ainda assim tempo para ele era sagrado e, quando tinha um compromisso, chegar com antecedência era sua norma. E em meio a isso, mesmo tão acelerado para resolver suas questões de trabalho, quando se tratava de sentar e conversar com os netos, media as palavras e falava com precisão.

Um certo dia, mais ou menos 29 anos atrás, eu estava sentado na mureta do quintal da casa dele começamos a conversar. Confesso que não me lembro o teor de toda a conversa, porém uma fala dele me marcou para o resto da vida. Lembro-me como se fosse há poucos minutos. Ele olhou para mim, juntou as mãos fortes, calejadas pelos anos de trabalho no caminhão e na marcenaria de sua casa — hobbie que adorava, fazia rocas como ninguém — e disse: "Tiaguinho, na vida você verá e ouvirá muitas coisas. Porém, o mais importante depois de você espremer bastante tudo que viu e ouviu é ficar com o suco, com o essencial daquilo, pois este será seu verdadeiro aprendizado." Enquanto falava, meu avô espremia uma mão na outra, ilustrando o que queria dizer.

Confesso que me arrepio até hoje ao lembrar dessa cena. Contudo, é verdade que pouco entendi na minha tenra idade da época.

Os anos se passaram e, ainda jovem, com pouco mais de sessenta anos, Paschoalzinho, como eu o chamava, nos deixava. Lembro-me que chorei muito sua perda. Novamente não entendia o porquê. Acho que o amava mesmo. Sou grato por aquela tarde que tive durante minhas férias de julho. Não trocaria aqueles dias por nada. Penso que, naqueles breves momentos, pude experimentar e entender mais do que intelectualmente o que é essencial.

É disso que se trata este livro, que embora seja conduzido pelo tema do modelo mental (Mindset), o qual serve principalmente como trajeto para refletirmos sobre o que é essencial e quais as mudanças necessárias em nossas vidas. Talvez queiramos certezas frente às nossas dúvidas. Talvez queiramos segurança e ausência de dor frente às experiências! Mas deixo para você a fala de Carl Jung, que explicita meu pensamento de forma concisa e marcante.

"QUEREMOS TER CERTEZAS E NÃO DÚVIDAS, RESULTADOS E NÃO EXPERIÊNCIAS, MAS NEM MESMO PERCEBEMOS QUE AS CERTEZAS SÓ PODEM SURGIR ATRAVÉS DAS DÚVIDAS E OS RESULTADOS SOMENTE ATRAVÉS DAS EXPERIÊNCIAS."

Carl Jung.

Para ler este livro

Por fim, Se você é bastante prático ou prática e entende os conceitos subjacentes às ações com facilidade, vá direto para os capítulos em que abordo a execução do processo de construção de novos mindsets. Nesta seção mostro os passos para desconstruir a situação atual e construir o caminho para o novo.

Entenda que construir um novo mindset significa construir uma forma diferente de olhar o mundo e, com este novo olhar, agir de forma diferente, gerando novos resultados. Portanto, a mudança de mindset vem da intenção de se alcançar objetivos que a situação atual não permite. Perceba essa situação como uma forma inadequada de ver o mundo de acordo com o que você deseja. Não existe mindset errado, ele se torna inadequado de acordo com o objetivo que desejamos alcançar, o objetivo que temos para a nossa vida, para o negócio, para o projeto. Os processos de coaching, por exemplo, trabalham muitas vezes nos modelos mentais dos coachees (pessoas atendidas pelos coaches), pois essencialmente as pessoas não estão conseguindo atingir seus objetivos por estarem com um olhar ou um modelo mental inadequado para alcança-los. Veja: apenas desejar não basta, porque deve existir um sistema intrínseco que lhe permita chegar onde se quer.

Em outras palavras, o Modelo Mental lhe dá os recursos necessários para se chegar aonde se quer chegar. No caminho, entenda por Recurso toda fonte necessária para se construir algo, que pode ser recurso físico (como estrutura, dinheiro e fatores psicológicos), como também acreditar que é possível (inteligência emocional). O curioso é que o Modelo Mental adequado ao que se deseja permite enxergar recursos que antes estavam disponíveis, mas invisíveis ao olhar inadequado.

Se você, como eu, prefere ter um bom entendimento dos conceitos antes de entrar em ação, siga comigo o raciocínio disposto nos próximos capítulos. Vai ser uma viagem interessante.

Parte 1
Encontro de visões

Manifesto

Partilhei com você a minha visão de mundo e gostaria de lhe sugerir neste momento que também escreva a sua.

Gosto da abordagem poética, pois este tipo de escrita nos permite acessar, enquanto escrevemos, parte de nosso pensar que fica escondido enquanto escrevemos algo puramente lógico ou em tópicos. Não há visão de mundo certa ou errada, mas é importante que você se dê a chance de escrever, ao menos uma vez, caso não o tenha feito ainda, para que se depare, frente a frente, com sua própria visão. Ao escrever você poderá ler como uma terceira pessoa e observar os aspectos de tal visão e o quanto ela realmente explicita o que você pensa e, principalmente, o que você sente.

Sendo assim, dê-se agora, a oportunidade de escrever sua visão. Pode ser no formato como fiz no início deste livro ou ainda pode ser de forma bem concisa, o importante é que você escreva o "quadro" da vida da maneira que você a enxerga.

Uma vez sua visão escrita, guarde-a com você ao longo da leitura deste livro, para que possa ir comigo construindo sua nova visão, isto é, seu novo modelo mental.

Ah! importante, a visão que você escrever agora já representa parte de seu modelo mental atual, então fique atento ao que você escreveu, mas somente depois de ter escrito. Ao escrever, deixe acontecer, escreva livremente imaginando e sentindo a visão de mundo que você tem.

Se você topar esta primeira atividade, pegue agora um papel e uma caneta ou lápis e escreva. Ninguém mais precisa ler o que você vai escrever, por isso seja o mais honesto e transparente com você mesmo.

O que quero lhe propor agora é a redação de um manifesto. É como se pegássemos a visão e a desdobrássemos em algo mais "palpável", embora ainda um tanto quanto poético.

Meu manifesto

Estórias de super-heróis invadem nossa imaginação, as telas do cinema e as conversas com as crianças, mas ficam suspensas nas torres do inatingível. Será?

Afinal, o que significa ser super? Ter poderes sobre-humanos? Voar, ter força descomunal, velocidade impressionante e capacidades que nós mortais jamais teríamos?

Não. O super dessas estórias está na realização! Aquilo que cada um decidiu fazer com as habilidades que descobriu ter.

Que bem faria o superman trancado em sua fortaleza ou escondido eternamente atrás dos óculos do jornalista tímido e pacato? Não se trata de ter superpoderes. Ser super é saber que poderes se tem e colocá-los a serviço do mundo. Ser super é ter a coragem de visitar sua própria Fortaleza da Solitude e se encontrar sem se perder. É olhar nos olhos de sua própria existência e ter coragem de lançar-se em voos altos, com ou sem capa vermelha.

Quantas vidas seus poderes podem tocar? E aquelas pessoas, que dia após dia dedicam seu tempo a ouvir e acolher pessoas em situação de total vulnerabilidade social? Quais poderes são necessários para fazer o dia de alguém super? Qual o poder por trás do sorriso? E do abraço sincero, do "bom dia" afetuoso? O mais incrível é que, estes poderes, eu e você temos.

Mas então, a "Liga da Justiça" lhe chama para que você possa apresentar aquele poder que somente você tem, aquele que naturalmente flui pelas suas veias e pede para ser libertado. A "Liga da Justiça" é a nossa existência, a sociedade, o mercado, a igreja, sua comunidade, sua empresa. Você está onde seus poderes podem ser encontrados, nutridos e aperfeiçoados. Cada integrante da liga da justiça funciona como uma peça de um quebra-cabeça e não uma figura isolada. A imagem que esse quebra-cabeça forma é de um mundo perfeito. Porém cada peça, antes de se encaixar, precisa ser moldada, precisa ser super, cada uma no seu tamanho, no seu formato, mas de uma maneira que se encaixe; é assim conosco e nossa individualidade, precisamos ser moldados para então nos encaixarmos com o que é super em outras pessoas.

Muitos almejam o sucesso, seja lá o que for que você chama de sucesso. Muitos querem dinheiro, status, alcançar o reconhecimento. Contudo, não podemos esquecer que devemos, antes disso, buscar sermos super. Para isso temos que SUPERar a nós mesmos, em meio às nossas confusões e desejos. Devemos almejar encontrar a nós mesmos e termos a honra de nos dizer: "Prazer em lhe conhecer". Devemos aceitar que há kriptonitas que nos tornam fracos, mas também o sol amarelo que nos dá força.

Qual o seu sol? Somente com ele você poderá brilhar e, para alcançá-lo, você precisa "vir à Terra," sair de seu mundo distante e pisar no solo de sua existência. Descobrir-se é a maior jornada para quem quer ser super!!!

Vamos voar juntos?

Do que se trata o tema do "Mindset ao Mindflow"?

Da busca pelo essencial, pela mudança e pela transformação consciente através da criação de um ecossistema no qual podemos melhor organizar e mudar nossos modelos mentais. Sim, carregamos diferentes modelos mentais e estes unidos formam a nossa visão ampla de mundo. Sabermos identificar cada modelo mental e seu contexto nos dá o poder de transformar nossa própria realidade.

Muitas vezes somos sujeitos à mudanças impostas ao nosso contexto e com ela transformações. Mudar vem do Latim "MUTARE", "trocar de lugar" e Transformar vem do Latim "TRANSFORMARE", "fazer mudar de forma, de aspecto."

Uma situação que talvez lhe seja palpável, é a vinda de um filho em nossas vidas. Pense na presença deste pequeno ser que ao chegar traz grandes mudanças e transformações. Mudamos as coisas dentro de casa, trocamos objetos de lugar, mudamos o quarto ou até mesmo mudamos de casa. Mudamos o carro, horários, cardápios. Mudamos amigos e relacionamentos. Perceba que estas mudanças exigem novos comportamentos de nossa parte. Mudamos nosso sono, lugares que visitamos e festas, que agora estão recheadas de outras crianças, balões e muito barulho, não mais da música alta que geralmente gostamos, mas daquelas "baladas" infantis.

Creio que essa e tantas outras cenas relacionadas à chegada do pequeno rebento você já deve ter vivido, como pai ou como algum espectador da vida alheia.

Em acréscimo às mudanças de comportamento exigidas pelas mudanças em nossos cenários começamos a desenvolver novas habilidades, como trocar fraldas, dar banhos e aprimorar a paciência, a atenção e o interesse pela vida do outro.

Estas experiências exigem de nós um reajuste daquilo que valorizamos. Por vezes reajustamos de forma mais cômoda, simples, mas muitas vezes nos traz desafios grandes, como adequação do que vem primeiro, o trabalho ou o filho? As amizades ou o filho? Nosso conforto ou do filho? Nossas preferencias ou do filho?

Este processo então começa a nos levar a uma nova dinâmica, a de transformação de quem percebemos ser no mundo. Agora incluímos nos espectros de quem somos o papel de pai ou mãe. Este novo papel, perceba que altera o estado, a forma como nos víamos. Não aceitar o fato de sermos ou termos nos tornado pais traz sofrimentos desnecessários, afinal trata-se de um fato e as mudanças são inevitáveis, ao passo que a transformação de quem somos, embora venha a reboque exige mais de nós, pois pede que abramos mão de algumas preferências e da forma como nos vemos. A inclusão deste novo papel em nossas vidas não somente muda a forma como nos relacionamos com a vida, transforma esta relação, dá uma nova forma à maneira como fazemos e pensamos as coisas.

Agora extrapole esta situação para os outros aspectos de sua vida. Um dia você era liderado, agora além disso você precisa liderar. Um novo papel chega ao seu contexto, seja ele um papel desejado e planejado ou não. Da mesma forma que a chegada de um filho gera os movimentos citados acima, a chegada de um novo papel também o faz, gerando mudanças e transformações.

Creio que um mesmo tema deve ser abordado de diversas formas, para que possamos ter diferentes perspectivas e assim consigamos construir um senso crítico e até mesmo, ou principalmente um entendimento mais profundo do tema. O profundo entendimento nos permite melhor explorar os aspectos que cabem em nossas vidas e nos são relevantes.

Os temas da mudança e da transformação são certamente objetos já de longa data, talvez de toda a história da humanidade, afinal somos resultado das mudanças que passamos e provocamos e com elas das transformações inerentes a este movimento.

No momento atual, século 21, a mudança se apresenta de forma mais clara, mais nítida, mais veloz. A hiperconectividade a que estamos sujeitos promove isso.

Porém, as mudanças pelas quais estamos passando e provocando, mesmo de forma inconsciente, estão assumindo um patamar de transformação. Isso significa uma mudança no estado de um sistema. Não se trata apenas de algo tornar-se diferente ou assumir um novo aspecto em um novo local. Transformar é transcender a forma atual, é implicar diferença no sistema, o que pode alterar as relações entre as partes deste sistema.

A tecnologia permite muitas e muitas mudanças, melhoras nas realizações de tarefas, otimização dos recursos; fatos estes absolutamente simples de serem vistos no dia a dia. Basta olhar como era e como é, por exemplo, o uso de Fax (você sabe o que é um fax?), o uso de câmeras, de áudios em aplicativos, e do telefone em si. A essência do telefone é a comunicação e os smartphones são fortes catalisadores dessa essência, mesmo que o velho e bom "ligar para o outro" esteja cada vez mais em desuso. Mas nunca estivemos tão conectados. Isso é mais do que uma mudança incrível, estamos falando de transformações. Note que, devido a conectividade promovida pela tecnologia, a forma como pegamos um táxi, como pedimos comida, compramos e avaliamos nossos objetos de compra mudou, ou melhor, se transformou. Digo que se transformou, pois inclusive quem nos percebemos ser diante deste cenário ganhou um novo status, um novo papel.

Antes, as empresas nos mostravam o que queriam vender. Anunciavam seus produtos e serviços nas televisões e rádios, jornais e outdoors. Embora tenhamos esta dinâmica ainda hoje, acrescentamos ao nosso escopo de "identidade de cliente" outros aspectos que antes não tínhamos. As empresas estão "forçadas" a nos entender de forma granular. Não somos mais massa, embora muitas empresas ainda nos tratem como tal. Somos indivíduos. Veja! Indivíduos, únicos e não mais parte de um certo rebanho dentro do qual pensamos igual a tal rebanho ou grande massa.

Veja este fenômeno nas redes sociais. Os algoritmos leem nosso perfil, nosso comportamento e assim deduzem aquilo que mais desejamos consumir. Compare o seu "feed" em uma rede social com o da esposa, marido, filho, amigo próximo. Por mais que vocês partilhem de ideias similares, vontades equivalentes, sonhos concomitantes, seus "feeds" são únicos.

Não sendo mais percebido como integrantes de uma massa homogênea, como você se sente. O que se transforma em sua forma de se ver e ver o mundo? Como fica a sensação de "poder" como consumidor?

Somente o fato de se ter uma câmera em suas mãos, qual o poder que lhe dá para denunciar abusos? Quem é você agora com isso em mãos? Um consumidor sujeito às vontades e estratégias corporativas ou alguém potente o suficiente para mudar e transformar o comportamento de tais empresas?

A dinâmica do consumo e das vendas, do marketing foi alterada. Vieram as mudanças nas tecnologias e elas exigiram e promoveram novos comportamentos e alterações na percepção de nossa relação como o sistema. Houve então e ainda está havendo, transformações.

De forma muito simples, voltemos ao Taxi.
Vejamos os seus elementos básicos:

- taxista,
- passageiro,
- destino,
- local do início da corrida.

No sistema pré tecnologia:

- O taxista fica parado em seu ponto ou circulando entre a ida a um destino ou retorno a sua base.
- O passageiro deve ir até o ponto ou conseguir o telefone do ponto e ligar, para que então o taxista pudesse ir até ele. Ou ainda "ter a sorte" de um taxista estar passando e então levantar seu braço mostrando interesse na corrida.
- O destino: O tempo e o custo para se chegar lá eram desconhecidos em sua precisão, ficando ao cargo do "achometro" do motorista ou da experiência do passageiro quanto ao trajeto.
- O local do início da corrida dependia de onde estavam os pontos de táxi e se o passageiro tinha o telefone do ponto, para que o taxista pudesse vir até ele. Ou da sorte do transeunte encontrar um taxista em movimento.

No sistema pós tecnologia:

- O "taxista", agora não fica parado, se mantém em movimento disposto aos chamados dos passageiros.
- O passageiro não vai mais ao ponto, nem precisa ter o telefone do motorista ou do ponto, basta ter o app que lhe conecte.

- O destino: o tempo da viagem torna-se algo mais real, ou como diz real time tanto no que se refere a vinda do motorista até o passageiro, como do local de início da viagem ao seu destino.

- O local do início da corrida pertence ao passageiro e não ao motorista. O ponto é qualquer lugar da cidade em que o motorista está e aquele que estiver mais próximo do passageiro mais vantagem terá.

Note que os elementos se mantêm, mas a forma como se relacionam foi alterada.

Contudo, há uma Transformação neste sistema promovida pela mudança nas relações dos elementos. Como quem de fato manda no processo agora é o passageiro e muitos motoristas não vêm para o mercado com o "jeito taxista de ser", o atendimento ao cliente mudou, passou a ser um serviço, com constante busca pelo melhor atendimento. Em meio a isso vemos os esforços para melhorar o serviço, oferecendo água, doces, uma conversa agradável e carros melhor cuidados.

Esse exemplo tem por objetivo apenas discorrer sobre algo que pertence, provavelmente, ao seu mundo atual, e que você pode atestar por si só. Serve ainda como uma referência de transformação de Mindset; sem que tenhamos necessariamente notado, fomos apenas levados pelo sistema em si, pela tecnologia.

Mas aqui há um ponto importante: "Deixamos acontecer esta mudança, ou melhor, esta Transformação", naturalmente, pois nos beneficia. Toda mudança ou transformação que nos beneficie de imediato, a olhos vistos, aceitamos de bom grado. Mas, o contrário não é verdade; digo, o que não nos beneficia. Aquilo que nos causa dor, sofrimento, nos obriga a mudar nossa forma de ver o mundo, se torna mais difícil de ser aceito. Pense com a cabeça do taxista agora. Você talvez seja um e sentiu ou está sentindo na pele toda essa Transformação. Há um momento imediato, para a maioria das pessoas, de negação diante do que não as beneficia. Negamos aquilo que desconhecemos e sobre o qual fazemos uma avaliação pela qual entendemos que o resultado final será uma perda. Assim buscamos evitar, lutar contra. É algo natural também a tentativa de manter operante um sistema no qual temos já benefícios atestados.

Porém, quando o novo sistema é mais forte, acabamos tendo que aceitar, ou porque entendemos, ou simplesmente por uma questão de sobrevivência.

O tema do Mindset ao Mindflow lida com este contexto, no qual podemos entender a forma como vemos o mundo. Deste ponto nos tornamos observadores de nossa própria existência, podendo melhor analisar o contexto em que estamos e comparar se nosso modelo mental (Mindset) está adequado para nos levar aonde queremos.

Alcançar o Mindflow é alcançar a autonomia, a capacidade de se adequar e transformar a nós mesmos para que possamos constantemente evoluir em meio a um contexto que muda, que se altera com muita velocidade. O Mindflow é uma mente fluida, capaz de seguir e entender o fluxo da vida.

Creio que as grandes vertentes espiritualistas, principalmente as orientais já trataram desse tema com profundidade, nos levando a pensar sobre o pulso da vida, sobre o fluxo de nossa existência, sobre o momento de plantar, de cuidar e de colher.

Alcançar o Mindflow é alcançar um estado de união com aquilo que é, com a realidade em si, com a vida, com a própria existência. Mindflow é viver a essência, mantendo a autenticidade adequada ao ambiente em que estamos. Trata-se de um alto grau de compreensão da razão de viver.

. . .
A quem?

A quem devem interessar este livro?
Mesmo que de forma audaciosa de minha parte, creio que este livro possa interessar a toda e qualquer pessoa imersa nas mudanças atuais. Note que, como brevemente exploramos acima, as alterações trazidas pela tecnologia, principalmente, causam mudanças inevitáveis. É quase que como um ato de sobrevivência adequar-se ao que o mundo nos traz, na velocidade que traz. Somos sujeitos ao que está acontecendo, quer queira ou não. Sermos agentes é então uma escolha. Somos e seremos afetados por todas estas mudanças. Elas nos transformarão e continuarão a nos transformar. A questão agora é, nos tornaremos quem devemos ser ou seremos apenas uma consequência das forças externas? Esta escolha exige Mindflow!

Os jovens nascidos já depois do ano 2000 estão brutalmente imersos em um mundo veloz e digital. Suas vidas, desde que começaram a ter noção de sua presença no mundo, é regida pelos Smartphones, pela agilidade dos serviços online, pela mobilidade.

Pegue o ato de aprender, por exemplo. Minha geração aprendia nas escolas, nos livros e com algumas pessoas benevolentes dispostas a ensinar fora deste contexto. Agora, meu filho (nascido em 2008) e eu mesmo, podemos aprender no Youtube, nas redes sociais, nos canais a cabo e streaming, quando bem entendermos. Temos milhares de pessoas partilhando seus conhecimentos.

O mais curioso disso tudo é que temos, como nunca, um mundo de escolhas, o que a priori pode parecer uma benção sem tamanho. Realmente é, mas também uma maldição. Saber escolher em meio a esta avalanche de opções requer capacidade de curador, isto é, capacidade de determinar aquilo que é importante neste momento e para os momentos futuros e atuar sobre isso. Caso contrário, como vejo constantemente, esta avalanche leva nosso tempo e nosso intelecto para baixo, nos afoga em um tsunami de informações brutal.

Por que isso é importante afinal de contas? Creio que existem vários "porquês" aqui, mas um que quero partilhar com você é a necessidade de estabelecermos para nossas vidas uma postura de Mindflow, tema central deste livro.

Reforço que o Mindflow diz respeito a mudança, a transformação e claro a evolução. Mindflow ou fluidez da mente trata da capacidade que temos e que deixamos de lado, de nos adaptar e reconhecer nosso verdadeiro potencial em meio ao contexto em que estamos. É aprendermos a criar nosso próprio ecossistema interno de transformação. Essa é a razão para eu escrever este livro para você que já entendeu a dinâmica atual, mas ainda quer saber mais como lidar com ela.

Somos regidos pelos nossos Mindsets, nossos modelos mentais ou ainda, nossa forma de ver a vida. As tecnologias que levam informação para nós e aquelas que a nós prestam serviço são funcionais a partir da capacidade de lerem nossos hábitos, nossos comportamentos e nosso contexto. Aqui falo das empresas cujo serviço se dá através dos aplicativos, da tecnologia em si. Com tantos dados em mãos sobre nossos hábitos e perfil, tais companhias conseguem direcionar a informação ou o serviço ao usuário de forma mais efetiva, sendo muito mais relevante para quem usa. Os aplicativos de música, de mapas, sociais usam profundamente essa capacidade e nos fornecem de forma cômoda aquilo que mais nos interessa. Contudo, esses serviços não visam, necessariamente, nosso bem-estar e eles não tem culpa disso, pois quem deveria desejar nosso bem-estar somos nós mesmos. Os feeds de nossas redes sociais estão lendo aquilo que postamos, gostamos, comentamos, partilhamos. E quanto mais fazemos isso, mais disso teremos. Note que vira um vórtice, um tornado em torno de uma linha de raciocínio única. Acabo, como usuário, recebendo mais e mais daquilo que já consumo, pois afinal de contas é isso que quero então é isso que terei.

Mindflow tem a ver com querer coisas diferentes, ampliar a visão de mundo, pois somente assim teremos a capacidade de ver novas soluções para os novos problemas. Somente assim poderemos considerar caminhos que nunca antes foram traçados.

Isso sempre aconteceu, sempre buscamos aquilo que nos interessa e tendemos a ser assim sempre. Mas as consequências de não nos darmos a chance de considerar outras realidades nos faz fracos perante as mudanças. Os extremismos políticos, comerciais refletem esta postura ainda hoje.

O que lhe proponho agora é um salto, uma transformação na sua forma de se perceber. Somos formados por diferentes mindsets, modelos mentais. A cada contexto aplicamos um mindset específico. Posso me ver como um líder forte e presente, mas um pai ausente e disperso. O Contexto é uma característica fundamental para a percepção dos diferentes mindsets que carregamos. Por isso, minha proposta aqui é criarmos um Mindflow. Trata-se do ecossistema a que tenho me referido e que busco melhor discorrer agora.

Pense assim: Se somos formados por diferentes mindsets, tal conjunto nos dá a percepção de nosso papel no mundo. Junte o seu papel de pai, de líder, de funcionário, de amigo, de religioso ou não. A soma destes papeis cria como se uma identidade sua. Como se em um quebra-cabeça a união destes modelos mentais criasse a imagem que você tem de si mesmo. Contudo, normalmente nos vemos diante de contextos específicos e não na soma de todas as partes. Vivemos, perceba isso, de forma fracionada. O Mindflow lhe convida a viver de forma inteira, íntegra, percebendo que mudamos e nos adaptamos de acordo com cada contexto. Contudo, isso normalmente acontece de forma inconsciente. Com o Mindlfow lhe convido a viver isso de forma consciente, sendo que a cada contexto com o qual você se deparar, você poderá fazer escolhas conscientes.

Minflow é uma humanização do ser humano. Isso tem um porque forte. Tendemos a nos tornar menos humanos se deixarmos as máquinas, a tecnologia, a inteligência artificial reger nossas vidas. Pense, com a tecnologia, você se tornou uma pessoa melhor ou pior? Em que sentido? Para quem?

Por fim, este livro também aborda temas relacionados aos tratados por profissionais da área de aprendizagem, de treinamento e desenvolvimento dentro das empresas. Há uma razão para isso, pois estes profissionais têm em mãos o poder de atuar no Mindflow de suas companhias, influenciar seus CEOs e dirigentes. Por isso, mesmo que eu me refira a este perfil de profissional, entenda que também pode ser útil para você que não atua nesta área, pois em sua empresa deve ter alguém que "cuida das pessoas" seja um RH, um Departamento Pessoal ou um dirigente que acumula uma série de funções. Ainda mais, você é um ser humano em meio a outros seres humanos trabalhando em um mesmo contexto chamado empresa. Para você também este livro pode ser relevante, pelo menos nas provocações que farei a respeito do nosso presente e futuro e de como imagino que devemos tratá-los.

...
Parte 2
Distorções no direcionamento e o contexto que se deve considerar
...

O propósito e o Mindflow

Se você vive no mundo corporativo ou simplesmente navega pelas redes sociais, bem provável que o tema do Propósito lhe tenha surgido inúmeras vezes. Penso que não se trata apenas de modismo e sim de uma necessidade para melhor vivermos. Mas, como em todo movimento pendular, acabamos indo aos extremos e com isso geramos uma certa ansiedade.

"Oh Meu Deus, qual o meu propósito? O que farei para deixar minha marca? Pelo o que devo viver? Devo fazer somente o que gosto?"

Com esses questionamentos podemos abrir boas janelas para ver o mundo de forma diferente, mas também podemos entrar em um looping infinito em que nunca encontramos uma resposta.

Talvez esse não seja o seu caso, que já tem claro qual seu propósito, mas falo por experiência própria, eu passei por mais de oito anos me fazendo tais perguntas, e claro, tive diversas respostas, variadas, incompletas e que me deixaram ainda mais confuso.

O que aprendi nesta jornada pessoal em busca do propósito?

Primeiro que não se cria um propósito, temos que descobrir qual é o nosso.

Descobrir é vasculhar e entender. Pense assim: Se você acredita que deve ter um propósito em sua vida, isso significa ou pode significar que ele está posto para você. Digo isso, pois o propósito é algo pelo qual você vai lutar, vai trabalhar. Isso sendo uma verdade, também significa que você deverá ter a capacidade de desenvolver ou aprimorar certas habilidades, sem as quais seu propósito não pode ser realizado. Isso também sendo uma verdade, significa que a maneira como você veio a este mundo é a melhor maneira que você tem para alcançar seu propósito e no caminho dessa realização você evolui, pois alcançar tal destino exigirá de você o desenvolvimento daquilo que você já tem como potencial. Lembra do texto que falo sobre sermos Super?

Se minha hipótese estiver certa, então o primeiro passo para descobrir seu propósito é aceitar-se!

Aqui voltamos à Grécia antiga, mais especificamente no templo de Apollo em Delphos, de onde Sócrates extraiu a essência de sua filosofia: "Conhece-te a ti mesmo!" Como poderia eu encontrar meus atributos, minha potência de viver e com ela realizar meu propósito se eu não estiver disposto a me ver como sou e quem eu sou? Trata-se de um olhar difícil sobre si mesmo, pois trata-se de um olhar sem julgamentos. Isso, hoje em dia, é ainda mais difícil, porque temos a tendência de nos comparar com as inúmeras pessoas "felizes e realizadas" que habitam as redes sociais.

Olhe para si mesmo. Veja e entenda quais os seus poderes. Lembre-se que todos os super-heróis já criados pelo Homem são super, pois fazem coisas além do que seria previsivelmente humano, mas são diferentes, com potenciais diferentes. Faço essa relação inspirado no dia a dia de meu filho, que é fã de Spiderman, dentre outros. Imagine o Spiderman tentando ser o Superman, e esse, por sua vez, tentando ser o Aquaman. Não é possível!

Para que possamos então navegar no mundo do Mindflow, sua bússola será sua essência, partindo do pressuposto de que quem você é, já é a forma mais ideal para que você realize o que deve realizar. Descubra quem você é e assim descobrirá qual o seu propósito.

Veja o que Clóvis de Barros Filho, expoente nome da filosofia e ética no Brasil, diz: "A melhor expressão da goiabeira é dar a melhor goiaba." Parece muito simples. Mas trata-se de saber externar sua verdadeira natureza. Pois bem, uma goiabeira só pode dar goiaba, mais ou menos, dado o terreno ou nem isso. Não pode dar abacate, nem que queira, embora não possa querer. Já nós, seres humanos, embora possamos ter uma natureza única, individual no sentido do fruto que podemos dar, não significa que sabemos, de fato que fruto é esse. Se nos entendemos de forma equivocada talvez busquemos dar ao mundo algo que não seja da nossa natureza. Ao fazer isso pode ser que, o que entregamos e realizamos até seja bom, mas provavelmente não será o nosso melhor. Ao não ser o nosso melhor podemos ainda achar que se trata de tentar mais, ser mais dedicado, disciplinado, que devemos acordar mais cedo, dormir mais tarde, estudar mais e nos esforçamos mais.

Talvez vejamos outras pessoas fazendo isso e tendo grandes resultados e podemos entender que é isso que também devemos fazer.

Veja! Não é este fazer a questão e sim sua razão. Aquele que coloca em prática esses comportamentos pode fazê-lo motivado pela sua verdadeira natureza, contudo o que muda é a experiência ao fazer. Coloque seu olhar no seguinte: se todo esse esforço faz com que você se sinta drenado, como se sua energia estivesse sendo sugada e o peso do mundo subindo sobre seus ombros provável que não se trata de um esforço para contemplar sua verdadeira natureza. Não quero dizer que aquele que se encontrou e consegue expressar sua autenticidade não ficará cansado, que à vezes desejará mais tranquilidade ou que não se frustrará. Creio que isso seja inevitável. Contudo mesmo em meio a esse contexto, ao colocar toda sua energia para realizar aquilo que lhe é verdadeiro, não sentirá sua energia drenada, ao invés sentirá que se torna mais forte, mais potente. É como se todo o esforço, ao invés de roubar seu ânimo, o alimenta.

As dificuldades se tornam degraus e não paredes. O suor que corre pelo rosto é como seiva que alimenta sua aspiração e o fruto que entregará ao mundo. Trata-se de sermos super a cada esforço. Trata-se daquilo que nos torna inteiros e assim perfeitos, prontos para nos reintegrarmos à criação. É nossa essência na prática, um fluir com a vida e a ela retornar em frutos a semente em nós, por ela, plantada.

Simples? De forma alguma! Pelo menos partindo de minha experiência, descobrir-se, encontrar sua essência, é em si a jornada primordial a que se está sujeito nesta vida. As variáveis são tantas, as confusões, dúvidas, condições a que se está à mercê, que esta caminhada se torna simplesmente a mais complexa possível. Por isso você encontrará aqui caminhos, quem sabe insights. Minha esperança é que esta ponta de icerberg que partilho com você, possa ao menos abrir novas portas e assim lhe permitir boas descobertas capazes de lhe transformar para melhor.

No capítulo em que trato dos Níveis Neurológicos, ficará mais clara a relação entre sua identidade e sua capacidade de mudar o seu mundo.

Propósito e o contexto organizacional

No meio organizacional é comum encontrarmos o marco filosófico[1]*: Visão, Missão e Valores. Contudo não precisa muito esforço para saber que tal marco pouco tem ajudado as empresas no sentido a que se propõe: dar o direcionamento, as balizas, a inspiração, a motivação, o alinhamento necessário para a boa conduta da companhia.

O que o Marco Filosófico deveria proporcionar tem sido executado pelos líderes das companhias. Cada líder imprime um grande esforço para manter sua equipe engajada nos projetos e afazeres necessários à operação da empresa. E fazem isso quase que no isolamento de seus cargos. Como o Marco Filosófico, da maneira que tem sido tratado, não constrói a estrada comum a todos na companhia, os líderes acabam tendo que se esforçar muito para entender os direcionamentos que vêm de seus superiores e passar isso para sua equipe. Se isso não bastasse, ainda têm que se esforçar para criar sinergia entre seu departamento ou equipe com outras equipes e departamentos. Estes por sua vez estão também tentando entender os direcionamentos da companhia,

---

1 Marco Filosófico, termo colhido na obra "O Poder de Uma Visão Inspiradora" de Odino Marcondes - HSM.

fadados a fazê-lo através de seus próprios mindstes e por isso sujeitos a interpretações destoantes do resto da companhia.

Não é porque o Marco Filosófico não tem sido aplicado como deveria que ele não é importante. Ele é, pois trata justamente da capacidade organizacional de agir com fluidez. Sobre esta fluidez, refiro-me à capacidade de uma companhia investir a maior parcela de suas energias em atividades que a façam crescer. Cuidar do colaborador, pensar no futuro, vender, atender muito bem o cliente, evoluir tecnologicamente e acima de tudo, evoluir de seu mindset ao mindflow.

Eu entendo o tema do propósito como um movimento que busca simplificar a aplicação da visão, da missão e dos valores.

Muitas vezes a troca de significantes pode ser necessária para melhorar o entendimento de seu significado. A onda do tema propósito pode ser esta troca de significante, mas mantendo o seu significado.

Para ilustrar, pego emprestada a definição apresentada pela revista *HSM* em sua versão on-line, *HSM Experience* de 31/08/2017:

> "ESSENCIALMENTE, PROPÓSITO CORPORATIVO É O MESMO QUE PROPOSTA DE VALOR. TRATA-SE DO PORQUÊ DA EXISTÊNCIA DE UMA EMPRESA E DA MANEIRA ÚNICA QUE ELA ESCOLHE PARA ORGANIZAR SUA CONTRIBUIÇÃO AO MUNDO. QUANDO TAL PROPÓSITO EXISTE, ELE FORNECE AOS FUNCIONÁRIOS UM SENSO DE DIREÇÃO CLARO, AJUDA-OS A DEFINIR PRIORIDADES E INSPIRAR-SE NA BUSCA DE MELHORES RESULTADOS."

Qual a função do tripé: Visão, Missão e Valores?

A Visão define o quadro futuro, aquilo que se constrói.

A Missão define o caminho, a forma como se constrói a Visão.

Os Valores definem as balizas de tomada de decisão na corporação.

Se desmembrarmos aquela explicação, teremos:

Visão
"Trata-se do porquê da existência de uma empresa [...]" [+] "Quando tal propósito existe, ele fornece aos funcionários um senso de direção claro, ajuda-os a definir prioridades e inspirar-se na busca de melhores resultados."

Missão
[...] maneira única que ela escolhe para organizar sua contribuição ao mundo."

Valores
"Trata-se do porquê da existência de uma empresa [...]"

Com este referencial em mente, quando falarmos da identificação do mindset e de sua construção, ao invés de reduzir ao propósito trabalharemos em sua forma ampliada: Visão, Missão e Valores, tendo em acréscimo o tema das Crenças.

… . .

Terreno e semente

"A MAIOR REVOLUÇÃO DE NOSSA GERAÇÃO É A DESCOBERTA DE QUE OS SERES HUMANOS, AO MODIFICAREM AS ATITUDES INTERNAS DE SUA MENTE, PODEM MUDAR OS ASPECTOS EXTERIOR DE SUAS VIDAS."

William James.

Muito do mindset diz respeito a fazer o trabalho de casa. Como seres humanos, sofremos um processo de ansiedade imenso. Somos capazes de imaginar o futuro, criar expectativas, ter esperança. Neste processo afetamos nossa relação com o mundo e conosco, com nossas emoções. Queremos muito ver os resultados e perdemos a maravilha escondida no processo. Trata-se sim de ver as flores do caminho, mas claro que isso não acontece na grande maioria das vezes, até porque nem tem flores em muitos caminhos.

A natureza nos ensina muito. Não se trata de ter uma visão naturalista, mas sim uma visão muito prática, já que todos os seres humanos fazem parte da natureza, que, como vemos, é soberana. Ela está diante de nós o tempo todo e com ela é possível aprender diversos temas sobre nossa própria vida fazendo paralelos e entendendo os efeitos de algumas leis.

Uma delas por exemplo é a lei de ciclos, em que, de forma resumida, trata-se daquilo que nasce, cresce e morre e começa tudo de novo. Nosso corpo é regido por ciclos que estamos desrespeitando cada vez mais, dormindo mal, comendo mal, amando mal. Ou quem sabe estamos criando novos ciclos?

Consciente disso, o convite aqui é para que se pense em suas próprias experiências como pessoa e também como profissional de treinamento à luz da relação terreno e semente.

Se observarmos, notaremos que já carregamos muitas sementes, todos nós.

Semente para nosso contexto aqui representa tudo aquilo que tem potencial. São os seus conhecimentos, sua experiência, seus sonhos, suas habilidades e diferenciais. Contudo, é possível observar que muitos dos potenciais que já carregamos ainda não estão dando frutos e talvez possam chegar a triste realidadede nunca darem. O que acabamos por fazer é buscar mais sementes ou, através dos treinamentos, entregar mais sementes, mais informações, mais regras, mais técnicas, mais passos, modelos e mais tecnologia. O ponto é que estamos jogando sementes em terrenos inférteis, na maioria das vezes. Muitosesforços educacionais não dão frutos, não porque o facilitador é ruim, ou o conteúdo errado, o que também acontece, mas porque o terreno não está bem preparado. Fale com qualquer agricultor e pergunte a ele ou ela se plantariam suassementes em terreno inadequado. Creio que nem é necessário perguntar, pois instintivamente sabemos que não vai dar certo, a semente vai morrer.

Minha tese aqui com você é que nosso olhar precisa estar muito focado no terreno, emsua preparação. Vamos combinar para nossa analogia, que o terreno é tanto o contexto externo a você, que pode ser sua familia, sua empresa, sua comunidade religiosa, quanto o contexto interno que é você, o que aqui vou chamar de modelo mental.

O excesso e (algumas de) suas implicações

Uma razão para buscarmos o essencial, na empresa e na vida

Há alguns anos os militares americanos e mais tarde autores do tema da gestão corporativa notaram alguns aspectos inerentes ao ambiente, tanto de guerra como também de mercado. Não que ambos sejam iguais, mas muitas vezes podemos até mesmo enxergar como tal. Basta ouvir a linguagem utilizada nos meios empresariais:

"O Mercado é uma batalha", "Vencerá o melhor", "Vamos melhorar nossa estratégia para abater nossa competição" e assim por diante. Mesmo sem querer vamos unindo o mundo das guerras com o mundo dos negócios, tanto que Sun Tzu, um mestre da arte da guerra tornou-se, mesmo sem saber, um mestre ou guru da arte dos negócios, já que seus ensinamentos valem tanto para o campo de batalha, onde balas e bombas voam, quanto no campo do mercado, onde produtos, preços, praças e promoções habitam as estratégias corporativas cada vez mais sofisticadas. Isso sem dizer que a guerra em si é um negócio, muitas vezes.

Aquele ambiente de guerra e que hoje podemos situar como ambiente de mercado ganhou o acrônimo: VUCA, que talvez você já tenha ouvido falar muitas vezes. Essas quatro letrinhas dizem muito. Falam da Volatilidade, da Incerteza, da Complexidade e da Ambiguidade, quatro grandes palavras que refletem um cenário caótico.

Nós somos seres que por natureza buscamos o padrão. Nosso cérebro precisa dar sentido às coisas para conseguir operar, caso contrário entramos em parafuso, passamos a ter muita dificuldade para tomar decisões e agir. Caímos na paralisia da análise, em que não conseguimos concluir nada. Por isso, ter uma referência, ou o que passamos a chamar de modelo mental, é de extrema importância para nos ajudar a tomar decisões e agir com assertividade. Desta maneira, o VUCA nos ajuda a encarar o mundo atual.

O autor Bob Johansen sugere um VUCA que ele chama de positivo, o que nos leva a crer que o outro VUCA é negativo. O VUCA positivo de Bob traz outras quatro grandes palavras: Visão, Entendimento, Clareza e Agilidade. Agora, pare um momento e pense: O que de fato significam para você essas oito palavras? Isso mesmo, as oito, tanto do VUCA "negativo" quanto do VUCA "positivo"?

Perceba que interessante: mesmo havendo uma palavra específica, podemos ainda cair na diferenciação de seu significado, o que dá margem para fazermos um monte de bobagens. Por isso é fundamental que tenhamos o interesse pelo significado daquilo que temos a nossa frente. Esse interesse, e até podemos dizer / habilidade, é essencial para um tema central — a Curadoria.

Uma maneira de entender o mundo VUCA (ainda na sua versão negativa) de forma mais ampla é olharmos pela ótica do excesso. Tudo está muito rápido, principalmente porque temos demais aquilo que precisaríamos apenas de menos, e aqui poderíamos até ser ousados em dizer que nosso espectro abrange desde a alimentação à escassez, da riqueza à pobreza, a informação e a conexão.

Há mais ricos hoje do que tínhamos antigamente. Não somente pelo maior volume de pessoas no mundo, mas pelo volume de dinheiro nas mãos de uma mesma pessoa.

Isso é um excesso, sem dúvida. Na outra ponta a quantidade de miseráveis também é gigantesca. A distância entre a riqueza e a pobreza é em sua natureza um excesso.

A informação está disponível a todos nós de maneira excessiva, temos certamente muito mais do que precisamos para nossa própria evolução, para nosso desenvolvimento pessoal e até mesmo espiritual, para aqueles que consideram este um tema importante.

Em muitos centros urbanos, onde as maiores empresas estão localizadas e assim a concentração de riqueza, temos outros inúmeros excessos. Excesso de gente pegando o transporte na mesma hora, excesso de carros na mesma rua, excesso de anúncios tentando vender alguma coisa que será excesso em nossas casas; excesso de smartphones (que paradoxalmente podem nos deixar mais ignorantes, mas também mais inteligentes se soubermos usar); excesso de gente pedindo para sobreviver e excesso de gente esbanjando seus próprios excessos.

Então, diante desse contexto, começamos a ouvir sobre a necessidade de mudarmos.

Sem dúvida, pois estamos nos afogando naquilo que é excedente, mudança é uma certeza que temos, só não sabemos exatamente para onde e às vezes o porquê, mas que a mudança vem ela vem, sem dúvida alguma.

Assim, alguns movimentos surgem, como a Sexta-feira casual, o Home Office, os horários flexíveis e assim por diante, e quem sabe também isso já não esteja mudando. Tudo na tentativa de amenizar aquilo que está extrapolando o que de fato precisamos. É um movimento em direção ao essencial. Isso é muito importante e na verdade sempre foi, tanto que os textos mais antigos, geralmente os textos religiosos, tratam profundamente desse tema do essencial, o caminho do meio, por exemplo.

Hoje temos mais gente conectada do que antes. Mais pessoas que de uma forma ou outra se falam e se veem, mesmo que exclusivamente online. Contudo, um paradoxo: mais conexões virtuais e menos conexões pessoais. E esta é apenas a primeira constatação. Se olharmos mais de perto, podemos notar que menos contato pessoal, íntimo, amigável, abre espaço para contatos virtuais fúteis, superficiais e perigosos.

Pessoas que jamais fariam parte de sua rede física acabam entrando na sua rede digital. Se olharmos no contexto dos jovens isso se torna ainda mais explosivo, pois chamemos eles de Milenialls, geração Y, geração Z, eles são jovens e como todos os jovens de sempre, eles são do contra, querem mudar o mundo e carregam uma certa agressividade de seus ideais. Porém tudo isso ficou turbinado com a tecnologia e com ela tudo está muito mais rápido, o mundo ficou ainda mais Volátil, Incerto, Complexo e Ambíguo.

Uma vez com este contexto em mente, vamos olhar para o contexto das organizações.

Lucro é o motivador central. Sim, pode parecer um tanto quanto fria ou até mesmo bruta essa afirmação, mas esse tem sido sempre o motivo que dirige as empresas.

Afinal, sem lucros, de forma simples, não há bons negócios. Até mesmo movimentos que levam diferentes denominações, como sustentáveis, sociais, politicamente corretos, começam nas empresas desde que façam sentido para o negócio.

Isso é relativamente fácil de se notar. Se falarmos que nossa marca é "Green" dará mais lucro, mais market share ou que melhorará nosso "Branding" então se opta por fazer assim. Contudo, o motivo não necessariamente leva à ação correta. Isto é, muitos podem se dizer sustentáveis, mas de fato não são. Podem ser sustentáveis em suas práticas logísticas, mas não o são em suas práticas humanas.

Sem querer fazer disso um debate de visões, quero deixar claro que o motivo central e real ainda é o lucro. Porém, podemos dar um salto quase que quântico ao trazermos para a cena o propósito. Este em si, claro que funciona como um motivo, mas ele vai além. O propósito tem uma função transcendente e por isso quero dizer que se trata de um objetivo que vai além do lucro, um motivo que transcende o ganho pelo ganho.

Se voltarmos para o tema do excesso, o lucro pode fazer uma empresa atuar em excessos constantes. Horas de trabalho que vão além do ideal. Margens de lucro que vão acima do necessário dentro da ótica social. Chefes que usam do poder de maneira exacerbada para conseguirem o que desejam, ou o que as empresas fazem com que desejem. Metas que atingem quase que a insanidade. Veja que de maneira alguma o objetivo aqui é termos um ideal de se ganhar menos, produzir menos ou proporcionar menos conforto, ideias e serviços mas, sim termos a noção de que os excessos podem ser prejudiciais a longo prazo e no nível individual.

Sabe-se que, mesmo em países tidos como desenvolvidos como os USA, a grande maioria das pessoas, se pudesse, trocaria de emprego. Os sonhos de criança foram soterrados pelas exigências de sobrevivência e pelo gosto pelo consumo. Basta notar outros movimentos que buscam o essencial, tais como alimentos orgânicos, empresas que preferem uma atuação local para terem condições de oferecer uma experiência aos seus clientes que os façam se sentir melhores e importantes. Claro que isso dá mais lucro, mas diferentemente do lucro penso que o propósito as move de forma mais consistente.

Podemos considerar que um mundo VUCA se assemelha ao deserto ou ao mar, onde quase se é possível ir em qualquer direção. Em um contexto desses não nos é útil só um mapa. Para conseguirmos caminhar por esses terrenos, temos que ter em mãos uma bússola. A esta dou o nome de Propósito.

A transformação das eras, um nano histórico

Estamos em meio a uma transformação cujo nome tem reverberado principalmente no mundo da inovação: Uma transformação Disruptiva. Trata-se de se quebrar paradigmas e construir novos. Afinal, como dito, como seres humanos dualistas precisamos de padrões para conseguirmos viver, decidir e agir.

O Autor Christopher Surdak, depois de uma longa pesquisa identificou algumas características importantes dessa transformação. Das quatro eras que ele trata em seu livro, cujo nome original em inglês é JERK, olharemos para duas, a trindade analógica e a trindade digital.

Essencialmente, a trindade analógica opera com seu centro de poder no capital. Seus três pilares são: Processo (Aplicação), Burocracia (Distribuição) e Regras (Controle).

Já a trindade digital, cujo centro de poder é a informação, tem os seguintes pilares:

Rede Social (Aplicação), Mobilidade (Distribuição) e Analytics (Controle).

Note que os pilares da era digital são mais "humanos" que os pilares da era analógica.

Mais um paradoxo para entendermos. Com exceção ao Analytics, que é fundamentalmente tecnológico, a rede social e a mobilidade são intrínsecos ao ser humano. Como disse uma vez o Dr. Drauzio Varela em um congresso que participei: "O Ser Humano é uma máquina de movimento e por isso, estagnar-se é motivo de doença." (Fique com a palavra "máquina" como referência de consciência quando eu abordar este tema mais adiante).

Tudo nos indica que devemos caminhar cada vez mais para o básico, ou seja, para um olhar que considera o humano em sua essência, repleto de tecnologia sim, mas com raízes no essencial.

Um mundo de dispersão

Mundo VUCA, Trindade Digital, Disrupção. Juntar tudo isso nos dá uma boa percepção do mundo que habitamos e nele há um perigo que corremos o tempo todo. Trata-se do efeito Câmara de Eco, em que um grupo de pessoas reverbera suas próprias verdades e impede, como se houvesse criado uma bolha de proteção ou isolamento, de ver o que existe "do lado de fora". Mesmo em meio a uma avalanche gigantesca de informações, somos sujeitos a viver e selecionar somente aquilo que queremos ver, mesmo que isso reforce visões e hábitos nocivos.

Ao longo da história esse efeito aconteceu várias vezes com empresas como Kodak, BlockBuster, dentre tantas outras que perderam a "mão do mercado," pois estavam tão intrincadas em suas bolhas que não viram o que estava acontecendo no mundo.

Contudo, essa situação hoje é ainda mais alarmante devido à velocidade dos acontecimentos e da evolução da tecnologia e da informação.

Os Taxistas que o digam.

Não sabemos ao certo se empresas como a UBER, Lifty, AirBnB têm de fato um modelo de negócio sustentável a longo prazo, ou talvez somente o sejam em longo prazo. O fato é que eles puderam, devido a conectividade e tecnologia, enxergar aquilo que os taxistas e os hoteleiros já deveriam ter visto, mas como dito, quem está no meio da situação tem menor probabilidade de ver o que de fato está acontecendo. Por isso a capacidade de reflexão é fundamental.

Vivemos em um mundo onde temos consciência de que muita coisa acontece ao mesmo tempo. Antes da tecnologia e deste mundo VUCA muitas coisas também aconteciam ao mesmo tempo, mas não tínhamos consciência disso. Poderíamos saber que na Ásia as pessoas estão indo dormir quando estamos indo trabalhar; sabíamos que um governo estava radicalizando as coisas, muito tempo depois de já ter radicalizado tudo. A informação era mais lenta e assim não sabíamos em tempo real, não víamos o que estava acontecendo. Contudo, hoje, nossa hiperconectividade nos coloca a par de quase tudo. Acompanhamos um furacão destruindo cidades inteiras na segurança de nossa casa. Acompanhamos pessoas importantes sendo presas antes mesmo da mídia oficial chegar até lá. Estamos conectados como nunca antes. Mas esse excesso de informação circulante nos causa uma sensação de stress e ansiedade muito grandes.

Podemos pensar que temos que dar conta de tudo, mais do que de fato deveríamos. Acabamos nos preocupando com coisas que não dizem respeito a nossa vida. Assim, reagimos de forma maluca, acreditando que somos seres capazes de "multitarefar." Nossos smartphones às vezes parecem mais "smart" do que nós. Clientes, amigos, filhos nos encontram o tempo todo a qualquer hora. Nosso foco foi para o lixo. Por isso o tema do foco é novamente tão forte.

Em um mundo de excessos nos dispersamos demais. Queremos saber de tudo, desde o que nosso cliente, chefe, amigo está fazendo agora, como aquelas pessoas que não nos dizem respeito algum, se conseguiram vencer aquela batalha pela vida, se conseguiram o novo emprego, se ganharam na loteria. É muita informação irrelevante.

Para o contexto das empresas, a dispersão é ainda mais perigosa. Muitas empresas, famílias e clientes dependem de boas decisões tomadas pelos profissionais que estão nas organizações. Sabemos que para tomar decisão em um mundo absolutamente rápido é necessário estar aprendendo o tempo todo, mas aprendendo o que importa de fato. Mais do que isso, os profissionais precisam de um tempo para refletir. Só que como falar de tempo para refletir quando tanta coisa está acontecendo ao mesmo tempo e sabemos disso, olhamos para isso, ouvimos sobre isso o tempo todo?

No meio dessa avalanche de informações acabamos por negligenciar as informações realmente importantes. Um simples e-mail que recebemos, se estiver um pouco longo, já não lemos por inteiro, ou quando o fazemos é de forma distraída, já que estamos ao mesmo tempo pensando em outra tarefa que requer nossa atenção no próximo minuto, seja uma reunião, uma mensagem que acabou de pular na tela do celular ou outro e-mail que acabou de chegar de alguém mais interessante. Resultado disso: as pessoas tomam decisões que não deveriam e já saberiam que não poderiam tomar aquela decisão se tivessem lido o e-mail inteiro. Desde agendamento de reuniões em datas que a outra pessoa já disse que não poderia, até decisões sobre viagens e programas porque a informação, que estava a um clique de distância não foi vista, pois havia milhares de outras coisas na cabeça daquela pessoa.

Devemos agir sobre o momento presente, por isso temos que entender que momento é este e de que forma o essencial se encaixa. Mais do que isso, na verdade, como o essencial nos permite navegar neste mundo de hoje ao invés deste nos levar ao naufrágio. Não se trata de uma visão apocalíptica, e sim de uma constatação.

Diante do excesso, o naufrágio é garantido para aqueles que se deixam levar pelo mar de dados a que estamos expostos. Isso ainda mais no contexto da educação corporativa, no qual meta e resultados aumentam a pressão. Se antes estávamos sujeitos aos currículos determinados pelas instituições, hoje estamos sujeitos ao seu extremo oposto, a um volume absurdo de informações desestruturadas e aleatórias.

Um dos efeitos dessa avalanche é a sensação de atraso constante. O "Só sei que nada sei" nunca fez tanto sentido. Porém, este não é o problema, a encrenca está em aceitar que não se sabe e assim ficar, como que um barco a deriva em alto mar. Ou pior, achar que já se sabe tudo e não se permitir aprender. Talvez esta até seja uma reação inconsciente para não ter que lidar com este mar de dados.

Um mundo volátil, incerto, complexo e ambíguo mexe com qualquer ser humano, mesmo com aqueles que ainda não se deram conta. Em essência estamos mergulhados nos excessos. Não precisamos ir longe para ver isso, seja no campo da riqueza ou da pobreza, seja no campo das ofertas de fórmulas mirabolantes para se ter sucesso, seja no volume absurdo de informações. Este balaio causa os quatro pilares VUCA, pois tudo está muito rápido. Como há muita coisa acontecendo ao mesmo tempo e temos acesso a tudo isso (ou uma pequena parte, mas que já é enorme), o que era importante ontem não é mais hoje, ou daqui a alguns minutos. Quem sabe o que escrevo agora já tenha ficado velho. Esse excesso faz tudo mais complexo. Não que a informação não seja boa, mas não temos a capacidade de processar tudo, então a sensação de complexidade perante a realidade se instaura. Decidir ficou mais difícil, o que pode soar paradoxal, mas se temos muitas opções acabamos por não conseguir delimitar um campo de definição saudável.

É neste contexto que entra a curadoria. Perceba que curioso: curadoria remete a cuidar. Isso é o que temos que fazer, cuidar de nós mesmos e daqueles que estão sob nossa tutela. Somos Michelangelos da educação, temos que esculpir aquilo que será entregue aos nossos "aprendedores". Por essência, esculpir é tirar o excesso e, para isso, deve-se ver a obra pronta antes mesmo de se começar. Uma vez visto, mãos a obra, tire o excedente da frente.

Um dos aspectos que dificulta nossa navegação pelo mundo dos excessos é aquela necessidade de encontrar padrões, como abordei anteriormente. Diante de um volume enorme de informações e opções buscamos, mesmo que inconscientemente encontrar tais padrões e ao fazê-lo, acabamos por generalizar as coisas. Tudo fica cor pastel ou no máximo alcança cinquenta tons de cinza e sem nenhuma sensualidade ou sex appeal. Tudo fica pálido.

A palidez na educação é sombrio. Quando isso é notado, começa uma busca pelo diferente, mas como tenho ouvido em diversas reuniões, não se sabe exatamente o que é o diferente que se busca. Talvez, o diferente seja justamente encontrar o essencial. É transformar o B2B clássico do Business to Business no Back to Basics, De Volta ao Básico. Isso não significa abrir mão da tecnologia, de forma alguma, mas saber usá-la. Isso é compreender que toda tecnologia é ferramenta e que nós somos seus usuários. Na analogia do Terreno e da semente, a tecnologia é semente e nós somos o terreno que daremos as condições para que estes avanços possam dar frutos saborosos. O risco que corremos é de ver na tecnologia a saída para tudo, para todos os problemas e necessidades do ser humano. Entrarmos em um contexto de total conforto em que delegamos ao mundo digital mais do que a otimização de tarefas, delegamos nosso coração, nossa sensibilidade, nossa ética, nossa humanidade. Se permitirmos esta inversão, nós então nor tornaremos sementes em terreno digital. Embora tenhamos nosso potencial, podemos ficar à mercê da tecnologia, que neste cenário determinaria nosso destino. Abordo este tema com mais detalhes no capítulo "Mindflow de Futuro".

...

Parte 3
Os elementos essenciais para entender o Mindset e o Mindflow

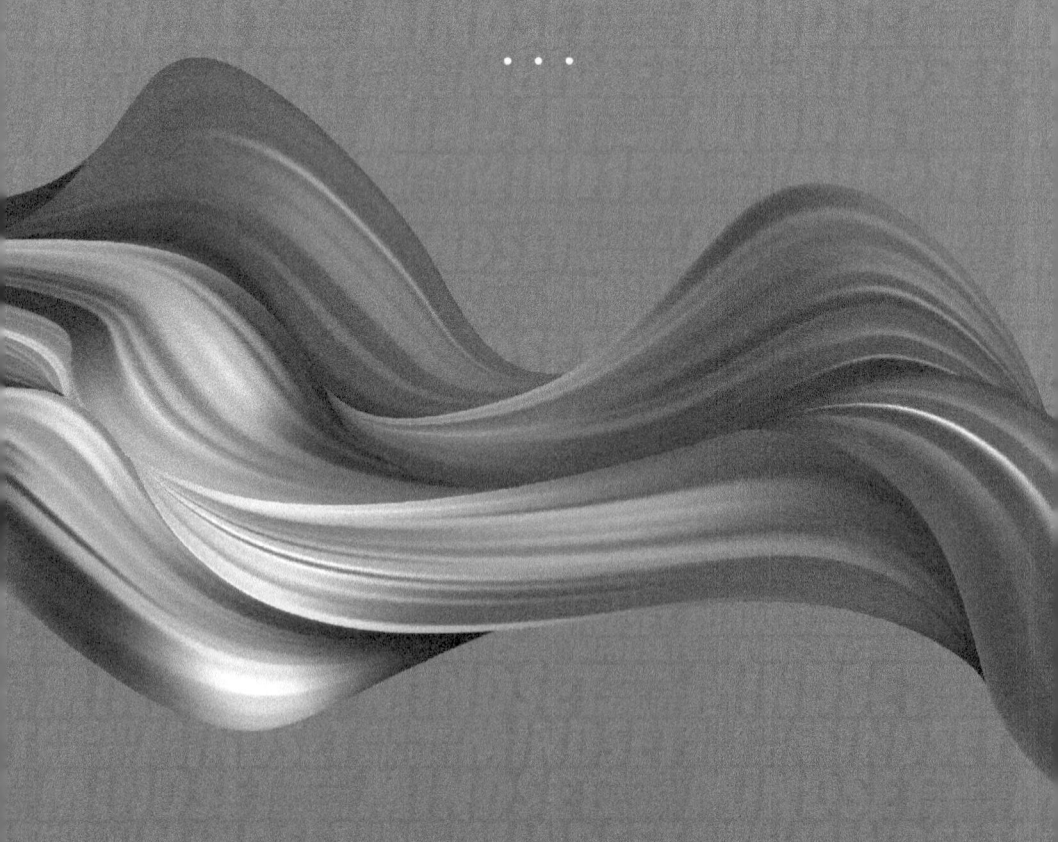

...

Meu Mindset

Deixa-me contar para você um mindset que por muitos anos carreguei e confesso que até hoje luto para que ele não me domine.

Desde pequeno eu era reconhecido pela minha agilidade de pensamento, raciocínio lógico e por aí vai. Isso sempre achei bem legal pois então eu era visto como alguém inteligente. Quem não quer ser visto como alguém que tem intelecto bom? Contudo, isso não quer dizer que tenho algo bom, ou que você tenha algo bom e sim o que temos é potencial que, assim como uma ferramenta, terá frutos bons se for bem utilizado.

O fato de eu ter ouvido por muito tempo que era inteligente acabou criando uma imagem horrível em minha mente. Comecei, inconscientemente, criando algumas crenças. Comecei a dar importância para coisas que no fim das contas não me ajudavam a sair do status de inteligente para o status de realizador e vamos combinar, prefiro muito mais o de realizador, e se possível um realizador inteligente. Assim fui formando, com todos os elogios, um mindset que criava uma barreira para a evolução, para o crescimento. Talvez você já tenha passado por algo parecido, algo que se traduz em falas nas famílias ou rodas de amigos "Nossa, ele/ela é tão inteligente como é que fica nessa pindaíba, não faz nada direito, não constrói ou realiza nada?" Pois é, a mentalidade construída é que cria este bloqueio.

No caso do mindset em questão, esse que me travou por tanto tempo, algumas de suas características se resumiam ao seguinte:

- **IDENTIDADE**

Eu me via como alguém inteligente, afinal, muitos falavam que eu era, embora algumas provas na escola insistiam em mostrar que nem tanto, principalmente as provas de matemática. Mas, como você sabe, buscamos ver aquilo que queremos ver, aquilo que acreditamos existir e o pior de tudo é que, dentro de nossa lógica pessoal, encontramos provas de que aquilo existe. Basta ver as mais diferentes formas de crenças, e nem estou falando de crenças religiosas, mas coisas sobre as quais acreditamos que nunca tiveram comprovação cientifica, por exemplo, e que para nós é verdade.

"Eu acredito em Gnomos". Já viu esse adesivo em alguns carros? Tem um no seu carro? Contudo, para mim, isso não é um problema se esta crença lhe ajuda a ser mais autêntico, mais fiel a si mesmo e acima de tudo lhe faz alcançar o que você deseja para a sua vida.

Não era o meu caso. Minha identidade ali, mais as crenças e valores, como partilho a seguir, não estava me ajudando e isso foi criando uma confusão enorme, pois começou uma paranoia dentro do contexto: "Como assim sou inteligente e na hora de fazer acontecer não acontece, pelo menos não dentro do potencial que carrego, o qual não está diretamente relacionado ao meu intelecto, que apenas faz parte de meus recursos para aplicar tal potencial".

- **CRENÇA**

Por me ver como alguém inteligente eu acreditava que as soluções que eu viera a propor seriam as melhores e não somente isso, elas viriam com muita facilidade, apareceriam prontas.

- **VALOR**

Neste contexto, eu dava importância às pessoas que vinham com boas ideias e faziam acontecer, contudo em nenhum momento eu as questionava sobre o tempo que levaram ou como foi seu processo de criação da solução, eu simplesmente valorizava o fato de conseguirem realizar coisas que eu gostaria de realizar, porque elas já tinham a solução pronta na ponta da lingua. Eu não considerava o esforço, foco e determinação por trás daquela ideia.

Mesmo escrevendo isso hoje me parece estranho me ver assim, acreditar no que eu disse acreditar e valorizar o que valorizava.

Hoje dou valor para quem realiza, faz acontecer, tem boas ideias, mas agora me preocupo em saber da história por trás, qual foi o processo.

Por exemplo, um amigo que aqui tomo a liberdade de escrever explicitamente o nome, João Brene, é uma das pessoas que mais admiro. Ele é, sem dúvida, diferenciado em seu intelecto e ainda por cima realizou algo que admiro. Com apenas 15 anos começou a escrever seu primeiro livro e hoje tem três finalizados (a esta altura já li dois deles e são maravilhosos, de verdade).

Trata-se de uma trilogia medieval de Johnny Bleas, que pertence a um mundo paralelo à Terra, a qual, em sua história, na terminologia do povo dos Bleas, tem um nome diferente. É super interessante e, como me tornei alguém curioso para saber os processos e não somente conhecer conceitos, perguntei a ele como fazia para escrever. Para minha surpresa, não havia segredo e sim trabalho. Não há dúvida da capacidade de criação e de escrita de João, mas sem sentar na cadeira e gastar tempo escrevendo este, vamos chamar de talento, não teria como acontecer. João me contou que reserva duas horas por dia para escrever. Tem dia que vem uma página, em outros parece que o livro vai chegar ao fim ali mesmo de tanto que produz.

Surreal como temos respostas em nossa frente e ainda assim nos levamos a negar no que vemos. Tal negação nos trai obscurecendo nossa visão, reforçando nossa crença, apoiando nossos valores, mas de forma que não conseguimos externar a nossa essência, pois nos tornamos carrascos de nós mesmos em uma atitude de vitima que em si se transforma em uma identidade. Logo percebemos que essa identidade vira uma espécie de parafuso., A cada volta que damos nesse mindset, mais profundo nós vamos com ele e mais apertado ele fica em nós. Por isso, temos que dar a volta no sentido contrário e sermos rigorosos na análise de como estamos olhando o mundo, de acordo com aquilo que de fato queremos e aquilo que nos impede.

Você tem uma imagem clara em sua mente do que você quer? Digo, isso significa que, além de ver com detalhes, você sente em seu corpo, mesmo, pra valer, que aquilo que você vê é verdade para você?

Com isso em mãos, ou em mente e no corpo, revise como você tem lidado com as situações que lhe acontecem e se suas respostas te levam em direção a essa imagem ou te afastam dela. Como fazer isso abordarei mais adiante.

Agora

Talvez um tema que possa lhe parecer estranho ao contexto do modelo mental e do mindflow seja falarmos do Agora.

Essencialmente, tudo que experimentamos acontece agora. Um tanto óbvia essa afirmação, mas como tantas outras coisas óbvias que vemos em nossa vida, essa é mais uma que por ser tão óbvia não recebe a atenção devida. Tem a ver com o acostumar-se. Tudo com o que nos acostumamos perde nosso interesse, seja um carro desejado, uma casa ou um relacionamento. Temos que fazer novas todas as coisas para manter nossa atenção presente.

O tema do Agora trago para podermos pensar em um contexto no qual tudo ocorre. Não há nada que não se passe neste exato momento. Você está lendo este texto agora e não depois ou no passado. Se ler depois, quando o fizer será um novo agora.

Mas afinal, por qual razão isso é importante? É simples, não existe mindflow fora do agora. Contudo, existe mindset que nos rouba do momento presente. Para poder elucidar este conceito, simples em sua expressão mas complexo em sua compreensão, primeiro devo lhe dizer que o Agora está, à maneira que vejo, no acrônimo T.E.R.

TEMPO, ENTREGA E RESPIRAÇÃO.

• TEMPO

O Agora é a ausência de tempo. Mas como assim, já que o agora é um momento no tempo que defino como momento presente? Tempo é uma criação da mente humana e que somente existe na mente humana e para os seres humanos. Os animais não têm a menor noção de tempo. Eles tem noção do agora. Agora estou com fome, agora quero isso, agora está claro, agora está escuro, agora o instinto me diz que devo copular, agora tenho sono, agora devo me defender. Tudo acontece única e exclusivamente no agora. Não há ontem, nem amanhã, por isso mesmo somente nós humanos sabemos que vamos morrer e que a vida é finita. Os animais são eternos, pois vivem no agora e quando este agora acabar, não são mais eternos, mas nunca saberão disso, pois quando acabar não haverá sobre o que experimentar e por essência continuam eternos em outro estado físico.

Mas não somos animais irracionais, temos uma ferramenta poderosa dentro de nosso crânio, que funciona para o bem e para o mal.

A noção de tempo foi criada para que pudéssemos nos situar. Pensamos no tempo como algo linear. Imagine uma linha. Você está no centro desta linha. Atrás de você está o passado e na frente o futuro. Contudo, não há nada atrás de você, apenas memória e não há nada à sua frente, apenas possibilidades, cenários imaginários. Agora faça o seguinte: pegue a linha que está atrás de você e coloque-a abaixo de você. A linha da frente, acima de você. Assim, ao invés de uma linha horizontal você tem uma linha vertical. Perceba que desta forma o tempo, passado, presente e futuro estão acontecendo no mesmo momento: no agora.

Imagine que você caminha para frente e ao invés de caminhar sobre o futuro, aumentando a sua linha de passado, a linha vertical caminha com você, deixando atrás de você e a sua frente um vazio. Perceba que ao fazer isso há apenas o ponto sobre o qual você está. Este ponto chama-se agora.

Em termos práticos, perceba como isso funciona:

Imagine que você tem que planejar a implantação de um projeto. Para fazê-lo, você deverá pensar no futuro. Mas, note que ao fazê-lo, você está levando em consideração alguns dados, algumas informações, sua experiência, seu contexto, seu objetivo. Tudo isso se junta na atividade de construir um planejamento. Quando esse planejamento é escrito? Isso mesmo, somente no agora, no momento em que você escreve, pensa, idealiza. Isso é o que deve acontecer.

Parece normal, não é? Mas, vamos ser sinceros, não é exatamente assim que acontece. Imagine a mesma situação do planejamento que acabei de descrever. Então você senta para começar a pensar no planejamento e colocá-lo no papel. Você pega todos os dados, informações, experiências e objetivo. Então, ao pegar o objetivo você também pega a pressão de seu chefe. A meta que você tem que cumprir. O quanto você pode perder ou ganhar com este projeto. Sua carreira pode estar em jogo, seu emprego pode estar em jogo, seu futuro pode estar em jogo. Neste momento sua mente voa desesperadamente e sem controle para suas experiências do passado e suas vontades para o futuro. Esses dois elementos, passado e futuro, colidem. Sua vontade de futuro fala alto de seus sonhos de carreira, sua casa nova, sua viagem com a familia, sua reserva para a faculdade ou futuro das crianças. Sua experiência grita a plenos pulmões apontando que lá no passado você teve péssimas experiências com um projeto parecido com esse.

Percebe como fica o seu estado agora? Ansiedade, fobia, irritação, stress entram sorrateiramente no seu processo de criar o planejamento do projeto. Sabe o que isso vai afetar? Sua decisão.

Enquanto no primeiro cenário você está focado no presente, na observação objetiva dos dados à sua disposição, nas possíveis estratégias, no cronograma necessário e no resultado desejado para o projeto, no segundo cenário você está operando em outro estado. Você não mais consegue analisar objetivamente o que se tem em mãos e a consequência disso é que sua decisão acaba sendo tomada para sua autopreservação. Você toma decisões, monta sua estratégia e escreve seu plano com base no medo. Se você tiver poder hierárquico, de crachá, você se torna um(a) tirano(a), coloca pressão desnecessária e puxa as rédeas de forma a conduzir dentro da visão estreita do medo.

Voltemos ao ponto, aquele que denominamos de agora. Pois bem, agora coloque em sua mente, sobre o ponto, a linha vertical, aquela em que o futuro está para cima e o passado para baixo. Agora imagine que você começa a girar em sentido anti-horário. O que lhe aparece? Um circulo. Este circulo representa o circulo da sua vida. Note que o futuro, ao dirigir-se em sentido anti-horário vai para a posição do passado na linha horizontal e o passado sobe para a linha do futuro, também horizontal. Perceba que neste circulo o futuro se alimenta do passado e o passado entra no futuro, trazendo a ele em forma de imaginação, as experiências que existem em você na forma de memórias, traumas, sentimentos. Gire bem rápido esta roda e você verá os tempos se alimentando um do outro, a cada segundo. Isso é o que acontece na sua cabeça, o tempo todo, a cada decisão que você toma. Contudo, essa dinâmica nos traz muitas dificuldades para lidar com a vida, pois recheia nossos olhos e sentimentos de fatos ou fatores que na verdade não existem, fora de nós. Contudo, perceba que no centro desta roda está um ponto girando loucamente, o pivô de tudo e este é o momento presente, o agora, único ponto que realmente sustenta esse giro.

E podemos mudar isso. Imagine que a roda pára e todas as linhas somem. Sobra apenas o ponto. Nesse momento seu ego começa a girar loucamente, pois ele se alimenta de seu passado e de seu futuro imaginado, possível. No agora o ego tem este colapso da falta de alimento, morre de inanição. E tudo bem, este seria o melhor caminho para que tenhamos condições de olhar o agora de forma a trazer uma mente ingênua, mas não boba. Uma mente serena, mas não adormecida.

Uma mente atenta, alerta, prestes a agir àquilo que de mais importante se apresentar.

Talvez isso seja muito estranho para absorver de uma vez. Tudo bem mesmo! Na verdade isso é uma vivência, que pode ser entendida unicamente no agir, no fazer, no estar presente de fato. Isso demanda prática, tenacidade, persistência. Estar no presente é liberdade, experimente-a todos os dias. Que tal começar agora? Literalmente AGORA!

- **ENTREGA**

Para colocarmos nossos pés e nossa mente no agora, precisamos nos entregar. Trata-se da capacidade de aceitar, o que não significa resignar-se.

Aceitar é olhar de forma objetiva para a situação, entender o que deve ser feito ao longo do tempo e concentrar-se exclusivamente no que pode ser feito neste momento presente. Como Dale Carnegie disse: "Feche as portas de ferro do passado e as cortinas de aço do futuro." Foque no aqui e no agora. Ao fazer isso, você saberá o que há de mais importante para se fazer agora.

O termo Carpe Diem, que talvez você conheça, foi traduzido para nossa língua como "Aproveite o dia." Mas nossa língua tem um significado distorcido para "aproveitar," pois pode parecer curtição. Não é! A tradução correta é "Colha o dia", isto é, colha aquilo que está maduro. Maduro é o que precisa ser feito neste momento. Maduro é analisar os dados, pensar no objetivo de seu projeto, nos passos necessários, sem pensar se vai ou não dar certo; maduro é trabalhar naquilo que está alinhado aos seus valores, à sua visão de mundo e ao fruto que cabe à sua verdadeira natureza criar, e isso vem apenas com uma boa análise, feita sem a intervenção do passado e do futuro em nosso estado emocional. Isso será consequência de um bom estado de presença, tanto na hora de escrever o projeto como ao executá-lo.

Entregar-se tem a ver com perceber o fluxo do momento. Eckart Tolle, pai do Poder do Agora, traz uma analogia interessante. Pense que você está imerso na lama. Dizer, "bem, estou aqui mesmo então assim será!" Isso não é entrega, isso é resignação.

Entrega é estar na lama, conscientizar-se que se está na lama e então fazer a seguinte pergunta: "O que de melhor deve ser feito agora?" Vê a diferença?

Bons indicadores de que você está resistindo, ao momento que está se apresentando agora para você é a irritabilidade, o medo e a ansiedade. Estes são sinais claros de que você não está aceitando o que você está experimentando. Experiência é o que você está vivendo agora e fazê-lo de forma adequada é aceitar o que é e então decidir o que se deve fazer.

- **RESPIRAR**

Olhe que curioso:

De todas as nossas ações autônomas, involuntárias, várias delas em nosso organismo, o respirar e o abrir ou fechar os olhos são os únicos que estão sob nosso comando consciente. Por que será? Minha visão sobre isso, em nosso contexto, me mostra que esses dois são assim, pois justamente com eles podemos encontrar um caminho para o Estado de presença. Fechar os olhos nos convida a olhar para dentro, para o que estamos sentindo agora, para o que estamos pensando, para as sensações que estamos tendo. O Respirar, além de nos ajudar a equilibrar nosso estado é também um ótimo artifício para administrarmos nossa atenção no presente.

Feche seus olhos (antes termine de ler este parágrafo) e concentre-se na sua respiração. Acompanhe o seu entrar e sair pelas narinas, sua chegada ao pulmão, saindo de volta ao ambiente.

Perceba sua temperatura, tanto do seu corpo como do próprio ar. Sinta a velocidade, o volume de ar que você inspira e expira.

Segure o ar um pouquinho, uns quatro segundos. Sinta-o dentro de você e solte-o sem esforço, como se você estivesse soltando um pássaro para o ar livre. Faça isso agora.

O acrônimo TER que lhe proponho aqui e não um verbo. Não se trata de posse e sim de entrega (E), não se trata de ter tempo e sim de não ter tempo, não estar em sua contagem e sim apenas ter o momento em suas mãos. Respire e perceba a graça, a beleza de se estar vivo.

TENHA o momento presente e entre em um novo mundo de realizações. Essa é a porta, mas entrar depende de você, não tenho como lhe contar o que há lá dentro, pois o seu Presente é somente seu, receba-o de braços abertos, coração tranquilo e encontre-se.

· · ·
Um diálogo

No intuito de ilustrar a ideia que aqui defendo, quero lhe convidar a observar um diálogo cujos detalhes que visam uma explicação mais profunda e técnica você conhecerá mais adiante neste livro.

Quem participa deste diálogo são duas pessoas que, a priori, têm suas personagens identificadas apenas pelo nome. Meu desejo aqui é que seu modelo mental atribua a cada personagem a identidade que melhor lhe convier, a figura que melhor representa o papel que cada um representa. Talvez, dado o contexto que lhe apresento, com algumas características específicas você venha a construir em sua mente a imagem de duas pessoas estereotipadas. Tudo bem se isso acontecer. Na verdade, espero que aconteça mesmo.

Antes deste diálogo começar quero lhe contar um pouco do tempo e espaço em que se passa. Não vou atrapalhar sua liberdade de imaginar o que é absolutamente seu, mas espero que possamos construir esse raciocínio juntos.

NO TEMPO

Faz muito tempo que este diálogo aconteceu. Talvez uma época mais distante do que sua idade lhe permita alcançar, mas jamais distante demais para sua imaginação conceber. Uma época de muitas dúvidas e mudanças rápidas para a visão de mundo daquele tempo. A Tecnologia estava crescendo a cada dia. Cada cidadão percebia que seus dias poderiam estar contados, afinal de contas o que o Homem havia criado roubaria muitos empregos e para alguns roubaria a sanidade.

Alguns ainda podem se lembrar daquela época, talvez apenas lembranças do que outros mais antigos e já falecidos tenham lhe contado. Talvez histórias que passou de avô para filho, para neto, para bisneto. Talvez você seja um bisneto ou bisneta, ou apenas alguém capaz de imaginar. Há registros sobre aquele momento da história, mas como todos os registros, eles são apenas parciais, representam aquilo que aquele que registrou pode captar, por mais que tenha captado de diversas fontes. Registro do que se sentiu naquele momento.

Já era uma época em que se falava do sonho de voar. Para onde? Para o céu talvez. Ou seria além dele? A cabeça do Homem sempre pode ir muito mais além de suas pernas e até mesmo por isso este chegou longe.

DO CONTEXTO

Em meio àquela época, duas pessoas se encontram. Não por acaso, mas por vontade. Na vontade de buscar a verdade. Um buscou o outro no intuito de saber mais. Pelo menos a verdade que lhe caberia saber naquele momento. O outro, aquele que o um foi buscar, o aguardava há muito tempo. Mas este era mais vivido, talvez mais sábio e assim o esperou. Soube aguardar amadurecer para que então pudesse oferecer a foice que cortaria as amarras de sua visão mais curta. Ou ainda, soube aguardar o amadurecer das asas daquele que queria voar para além do céu.

O encontro se deu em meio a uma busca daquele que queria a descoberta, a verdade. Viajou, esperou, sofreu, chorou o fato de saber onde estava e ainda assim nunca encontrar seu interlocutor. Saber onde está e não achar era um martírio sem tamanho, assim como segurar água com uma única mão. Mas era necessário, afinal acabamos por valorizar aquilo que nos é mais difícil. Talvez ainda tenhamos que evoluir muito para saber que o valor não precisa vir do sofrimento, sendo este uma opção. A dor da caminhada, essa não tem como evitar, somos feitos de carne e osso e muito mais do que isso, somos feitos de sentimentos; nervos, literalmente. E o sofrimento, ah! este escolhemos e até mesmo valorizamos o quanto ele faz da dor algo mais penoso do que deveria ser. Há quem se apegue ao sofrimento como meio de vida, como forma de se identificar no mundo. Não era o caso de nossa personagem curiosa. Ela achou, pelo menos, seu interlocutor.

Aquele que recebeu nossa personagem vamos chamar de Set Arcos, alguém mais sábio sim, alguém que já tinha realizado este diálogo antes, com outro.

No local onde se encontraram, uma casa distante, simples e no alto de um morro, havia o suficiente para que pudessem conversar livremente, sem medos de julgamentos alheios, a não ser os próprios julgamentos. Havia água abundante e cristalina, mas não havia o que comer, ambos estavam restritos ao alimento do que trocavam um com o outro.

A cadeira onde se sentaram era bem confortável, porém nossa personagem sentia-se incomodada e se mexia com frequência, talvez mais motivada pela conversa do que pela cadeira.

Set olhava com tranquilidade para seu interlocutor.

O DIÁLOGO

Set então perguntou: "Qual o seu nome?"

A resposta foi "Iris".

"Pois bem, Iris", disse Set, "o que você busca?"

"A Verdade."

Fez-se uma breve pausa. O silêncio consumia a vontade de saber, mas não a vontade de falar. Coçando seu queixo Set pergunta: "Iris, como você se sente?"

"Estou ansiosa. Busco a verdade há muito tempo, mas ela ainda me escapa, comporta-se como um pássaro revolto, que quer ir embora e voltar só para me deixar outra vez."

Set não mostrou satisfação com a resposta e perguntou novamente:

"Iris, como você se sente, agora?"

Iris não sabia exatamente o que Set queria saber, pois já havia respondido aquela pergunta. Então se arriscou outra vez, dizendo: "A ansiedade convive comigo. É como uma amiga amarga que não larga do meu pé."

Set olhou para os pés de Iris, que estavam inquietos, como se buscassem uma posição e não conseguissem encontrar. Ponderou sobre o que acabara de ouvir. Sem pressa, no ritmo daquele lugar distante, fitou os olhos de Iris bem fundo e coçou o queixo novamente, sem dizer uma palavra.

A ansiedade, aquela amiga amarga, estava abraçando Iris, deixando-a irritada e desconfortável com aquele diálogo estranho e lerdo. Iris correu sua mão em um dos bolsos buscando algo com que se distrair. Não havia nada, havia esquecido ou será que havia perdido? Sua atenção foi pra longe.

Set pigarreou. Iris voltou sua atenção para aquele personagem intrigante e esperou, mas sem muita calma, pois queria saber da verdade o mais rápido possível. Set baixou sua mão, aquela que estava no queixo e disse: "O que sua amiga, a ansiedade, já lhe contou sobre a verdade?"

Iris nunca esteve tão desconfortável em uma conversa. Já havia participado de conversas chatas, monótonas com gente arrogante, simples, humilde, sábia, mas nunca com alguém que caminhava ao redor de suas respostas, como se quisesse fugir da conversa e ao mesmo tempo estava com um interesse enorme repousando sobre o que dizia.

Set mantinha um olhar atento e interessado, como Iris jamais havia visto. Isso motivava uma busca mais profunda. Ponderou então sobre sua ansiedade desejando encontrar algum ensinamento que pudesse ter vindo e passado ao largo de sua atenção. Arriscou então uma resposta: "Set, a ansiedade apareceu em meio ao desejo de descobrir a verdade. Esse desejo veio antes. Claro que tive ansiedade antes, mas não era uma amiga, alguém que não me deixa e sim um visitante alheio ao meu dia a dia. Nunca tive dúvidas, sempre soube o que fazer, quando fazer. Mas ao desejar a verdade, a ansiedade veio como que de mudança e, pior, deita-se comigo todas as noites.

Mexendo-se na cadeira, como se quisesse acomodar a ansiedade ao seu lado e perguntar a ela o que trazia de ensinamento, Iris continuou: "Sempre que a ansiedade fala é como se eu não conseguisse mais ver direito o que está na minha frente. Minha mente voa longe, foge de meu controle, cria imagens, fantasias, realidades que nunca via antes. Mas elas se parecem tão reais, tão presentes. Sinto-me com uma fraqueza enorme e ao mesmo tempo a ansiedade parece ficar mais forte. Não sei ao certo o que tenho para aprender com ela."

Set sentiu a tristeza de Iris. Mas com uma serenidade sobre-humana, ponderou sobre o que sentia. Seu olhar terno cativava e confortava, mesmo em um diálogo desconfortável, para Iris.

Set, sem pressa, disse: "Iris, a ansiedade faz parte de sua verdade. Enquanto ela persiste ao seu lado ela constrói a verdade que você experimenta." Depois de mais uma longa pausa, Set, sem se mexer na cadeira, completou com outra pergunta: "Iris, você gostaria de pedir a esta amiga amarga para lhe deixar?"

Iris rapidamente respondeu que sim: "Mas como faço isso? Parece que ela irá embora somente depois que eu encontrar a verdade.

Set sorriu. Até o momento seu semblante era risonho, mas seus dentes nunca apareciam. Agora se mostraram reluzentes, acalentadores e até mesmo um pouco infantis. Em meio ao sorriso perguntou: "Qual é a verdade que você busca e que sua amiga não lhe deixa encontrar?"

Iris achou estranha a pergunta, pois parecia que a resposta era óbvia. Mas ao pensar sobre o que havia acabado de ouvir, se deu o direito de analisar com mais calma. Set aguardava paciente e curiosamente.

Então Iris lhe contou que a verdade se tratava do fato de sempre ter certeza do que queria. Sempre soube do caminho, era de uma grande convicção sobre suas decisões, mas de um tempo pra cá a dúvida era a única certeza que tinha e isso incomodava demais. Como navegar neste mundo sem certezas? Disse que sempre foi uma pessoa a quem outras pessoas recorriam para saber o que fazer e assim sentia-se importante, acreditava que era diferente e gostava de como se sentia. Mas algumas ocorrências em sua vida começaram a colocar em xeque seu poder e sua certeza. Começou a duvidar de si e de sua capacidade de ser alguém diferente. Sentia-se comum. Iris calou-se, como se tivesse dúvida sobre o que diria a seguir. Set aguardou. Parecia que enquanto a ansiedade era amiga de Iris, o silêncio era amigo de Set, daqueles que não vão embora, mesmo que não apareça o tempo todo.

Set levantou-se, foi buscar uma jarra de água. Pegou dois copos e voltou para sua cadeira. Iris estava em uma imersão profunda com seus pensamentos. Estes, embora não houvesse percebido ainda, eram constantes e velozes. A água quebrou o silêncio quando tocou o fundo do copo de Iris e o encheu Iris e Set pegaram seus copos e beberam juntos.

Quando Iris repousou o copo sobre a pequena mesa que separava os dois, continuou o seu raciocínio dizendo que até mesmo a verdade que buscava agora era uma dúvida. Seus olhos mostravam um pouco de medo. Não sabia o que pensar por mais que milhares de pensamentos corriam por sua mente veloz.

Silêncio.

Set então disse: "O que seria a verdade? Iris, será que eu poderia lhe falar da verdade? Se o fizesse seria minha verdade ou sua verdade? O que lhe importa em meio às suas dúvidas saber o que é verdade? Frente a quê? Para decidir sobre o que exatamente que você quer saber o que é essa tal verdade?"

Iris arregalou os olhos! Como poderia Set não saber a verdade e não ter lhe dito até agora? Alguém que foi tão indicado para ela? Estariam todos caçoando de sua busca? Seu coração batia rápido, Iris levantou-se e caminhou pela sala, foi até a janela e percebeu que já era noite. Como poderia? Chegou tão cedo, não conversou quase nada e já era noite? Estava tudo muito estranho. Parecia que não era mais uma realidade o que vivia.

Set, como se houvesse ouvido seus pensamentos disse a Iris: "Ou seria esta a verdadeira realidade?"

A confusão era tamanha que até mesmo a ansiedade, velha amiga de Iris, parecia pequena frente ao desespero, a vontade de correr, de berrar. Mas ali estava tudo bem, por alguma razão sabia que onde estava, tudo era como deveria ser. Sabia que, neste caso, não havia dúvidas.

Iris volta ao seu lugar e Set levanta-se, pede para que ela descanse e tenha o silêncio daquele lugar como companheiro pela noite. No dia seguinte continuariam a conversa.

O OUTRO DIA LOGO CHEGOU.

Pela manhã, apenas com a companhia de pássaros, Iris levantou da cama que encontrara pronta para repousar na noite anterior. Caminhou para fora do quarto e encontrou o caminho de volta a sala. Set estava sentado em sua cadeira aguardando Iris encontrar seu lugar.

"Como foi?", Perguntou Set.

"Dormi estranhamente muito rápido", respondeu Iris.

"Neste lugar, quando nos deitamos com o silêncio, temos uma companhia fascinante, amorosa e acolhedora", explicou Set.

"De fato estranho", disse Iris e continuou: "Parece que aqui o tempo parou. Não vejo e nem sinto a loucura da cidade em que moro. Tudo parece encaixado, certo, no seu lugar, harmônico. Ao mesmo tempo parece um lugar tão distante e perdido, mas me lembro que demorei tão pouco para chegar. Achar foi o problema, mas não chegar."

Esta afirmação pegou Iris de surpresa, como se houvesse escutado de sua própria boca uma revelação.

Set perguntou: "Isso é verdade para você? Perceba que este lugar, diferente de tantos outros que você conhece, não muda há séculos, quem sabe há milênios. Mesmo assim ele está diferente para você. O que mudou, Iris?"

"Não sei ao certo", disse com dúvida, mas sem ansiedade. "Não sei exatamente como mudou, mas mudou. Estou aqui desde ontem e vi o que vi somente hoje."

Set então fez uma correção, dizendo que Iris havia chegado àquela casa há duas semanas.

Depois de se recuperar de seu choque, Iris estava ainda com uma confusão enorme em mente. Dizia em voz alta que não era possível, havia dormido apenas uma noite.

Set sorriu e disse: "Você só sabe que dormiu, pois primeiro acordou, mas precisava primeiro acordar para então poder dormir. Fechar seus olhos a noite e por ela passar não significa que você dormiu, simplesmente significa que você foi para outro estado, outra situação. Apenas dorme quem um dia acordou. Quem continua dormindo apenas troca de sonhos."

"Agora podemos conversar, Iris!", disse Set. E assim passaram horas conversando sobre a realidade que cada um via, sobre a verdade que cada um experimentava e acima de tudo, como se relacionavam com a vida. Iris entendeu que toda relação, seja ela com a vida, com os fatos, com outras pessoas acontece através de como se sentem durante aquela relação e que aqueles sentimentos eram produtos de como viam a vida, como viam os fatos e como viam as outras pessoas.

A verdade seguia seu caminho de sempre, saltando de olho em olho, de Iris em Iris, ganhando formas, cores, cheiros, toques, sabores diferentes a cada olho que visitava a cada Iris que a continha. A verdade é absoluta nos olhos de quem a vê e todos a veem a seu modo e também ao seu medo. A forma como se relacionam com tudo nasce da forma como tudo se vê e Iris entendeu que isso pode mudar, seja por vontade própria, seja por força da vida, por força dos acontecimentos, da tecnologia, das circunstâncias. Iris viu que precisava acordar, mesmo sem saber como, mas havia Set para lhe ajudar e somente estava lá para este apoio, pois um dia Iris o buscou.

...
Parte 4
E o mindset para o futuro? Indo ao Mindlfow
...

Evolução

Importante notar como nossa percepção de mundo vai se construindo. De forma mais simples podemos ver isso nos níveis neurológicos, tema que tratarei com mais profundidade adiante. Trata-se de um ciclo curioso. Há o âmbito pessoal, daquilo que experimentamos a cada momento. Diante dessas experiências quais os significados que vamos construindo?

Pense em uma criança aprendendo a andar e as fases que ela vai atravessar. Uma vez no chão começa a levantar sua cabecinha, alterando sua pequena perspectiva de mundo. Chega o momento de engatinhar, então os primeiros passos e com eles as primeiras quedas. Aqui acontece intervenção dos pais, que muitas vezes, motivados pelo amor (ou pelo medo), correm em socorro de seu bebê. A maneira como esta boa intenção se desdobra em ação pode alterar significativamente a visão de mundo daquele pequeno ser. Um pai ou mãe pode socorrer dando carinho, mas impedindo que a criança tente novamente logo em seguida. Mesmo que de forma inconsciente, em que aquela criança pode começar a acreditar? Talvez acredite que quando enfrentar um desafio ela sempre terá o respaldo de seus pais, mas também pode acreditar que não precisa se esforçar já que há suporte e uma nova tentativa não foi estimulada.

Claro que essas não são as únicas consequência possíveis desta situação. Nossa leitura de mundo pode variar bastante. Mas creio que a pergunta que podemos fazer de forma mais ampla, além da relação com as crianças é "O que fiz e falei pode estimular qual tipo de leitura pela outra pessoa?"

Por exemplo, Carol Dweck, autora do aclamado MINDSET aponta a diferença de nossas atitudes junto as crianças e adolescentes em seu processo de aprendizagem. Quando a criança comete um erro, a mera punição pode levá-la a crer que não é boa o suficiente, mas uma atitude aparentemente positiva também pode causar danos. Uma criança que vai bem no teste, por exemplo, se elogiada sobre sua inteligência também pode criar um estigma fixo e tudo que desafiar tal inteligência não será bem-vindo, assim como outras crianças que possam ser classificadas como mais inteligentes. O caminho inverso, que leva ao pensamento de crescimento, é quando a capacidade e a inteligência saem de cena e entra o esforço, sendo esse o objeto de atenção de quem avalia. No desafio é o "tente novamente" e na vitória é o "Parabéns pelo seu esforço!"

Com isso em mente imagine agora que saímos ao mundo para socializar, conquistar e realizar. Dependendo de onde e quando isso acontece, nos vemos mergulhados em meio a uma série de mantras como "Tempo é dinheiro", "Ter mais é muito melhor" , "O Carro do ano te faz alguém mais importante" ou na esfera da juventude de hoje, o celular com aplicativos que lhe dão acesso a tudo, transporte, cinema, festas e tudo aparentemente de graça, já que os custos ainda correm no cartão de crédito dos pais.

Agora considere isso nos tempos de transição entre uma sociedade baseada na agricultura se movendo para uma com base na industrialização. Quais conflitos emergiam na cabeça de quem estava no meio desse processo? E aqueles que nasceram em meio a indústria já longe da vida no campo?

Entendo que nosso processo de evolução acontece como um descobrimento, mais do que como uma criação. Não estou falando do que nós seres humanos criamos no mundo externo. Falo aqui daquilo que trata da evolução interior. Isso é muito mais importante do que aquilo que fazemos, pois é justamente esse nosso mundo interno que define o que realizaremos. Mais do que criarmos realidades internas refiro-me ao encontrar aquilo que já está em nós.

Parece-me que a cada movimento evolutivo que vivemos, uma nova etapa daquilo que somos se revela. Algo que talvez possa se assemelhar com o nosso próprio ciclo de vida. Talvez a maturidade represente isso. Como Andy Puddicombe explica, a felicidade está em nós. Não se trata de criarmos felicidade e sim permitir que ela emerja. Sinto que nossa evolução vai acontecendo dessa forma, vamos aos poucos dando espaço para aquilo que somos se revelar.

Pense em um quebra-cabeça, mas um bastante especial. Cada peça em si parece uma imagem completa, o que em princípio não exigiria outra peça para fazer sentido. Assim veio nosso despertar, nosso revelar. A cada revelação expomos uma peça desse quebra-cabeça. Ela faz sentido e parece que nos representa por completo. Assim vamos vivendo até que por alguma nova descoberta aquela peça começa a dar sinais de incompletude, como se algo estivesse faltando. Nesse momento nos abrimos ao que poderia ser, em vez de continuarmos presos ao que sempre foi. Uma porta se abre para que uma nova peça, que já existe dentro de nós, possa se revelar. A cada peça revelada uma nova imagem de mundo se apresenta e diante dela reconstruímos nossa percepção sobre aquilo que podemos realizar, e mais ainda sobre aquilo que podemos ser.

Esses movimentos evolucionários estão conectados em uma complexa malha, da qual fazem parte grupos distintos de momentos de evolução. Nesta analogia, podemos considerar o nosso planeta como uma daquelas peças que temos dentro de nós. "A peça planeta" é formada pela conexão de todas as peças individuais de cada ser humano e porque não dizer de toda a vida no planeta. Agora considere que cada pessoa pertence a um grupo, um continente, por exemplo. Cada continente tem seu próprio grupo de peças, que forma a imagem daquela região. Então granulamos aos países, estados, cidades até o indivíduo. Cada grupo tem sua própria imagem.

Contudo, há grandes diferenças entre os estágios de revelação dessas peças. Em uma mesma família temos os avós, pais, filhos, netos, cada um em seu estágio e a relação desses estágios individuais cria a identidade daquela família. E quanto mais peças vão se revelando, mais diferentes podemos nos tornar aparentando aos olhos alheios uma estranheza gigantesca.

O mundo corporativo pode nos dar um cenário adequado para esse quadro que estou pintando aqui com você. Considere o ambiente da empresa em que você trabalha. Caso seja um autônomo, pense na forma como você desenha a realidade do seu negócio em sua mente. A metáfora que melhor define a grande maioria das empresas hoje é a do relógio, da máquina, conforme o autor Frederic Laloux. Aquilo que verbalizamos com frequência, seja individualmente ou coletivamente, expressa algumas das qualidades da peça que temos revelada dentro de nós, é aquilo que chamo de "nossos mantras do dia a dia."

Quem não ouviu a expressão "tempo é dinheiro" ou ainda "temos que ajustar as engrenagens de nossa empresa" ou "esse é bom, trabalha igual máquina."? O humano é tratado como recurso, dizem "temos que operar com eficiência." Todas essas formas de expressar a realidade percebida revelam a qualidade daquela peça interior que temos em nós revelada. Nesse cenário enxergamos a realidade das relações de trabalho como se tudo funcionasse como uma máquina.

Mas porque construímos essa metáfora em nossa mente? Voltemos nosso olhar para quando começamos a construir a realidade.

Repetidamente, alguns grupos e, dentre eles, algumas pessoas, começam a revelar suas peças interiores mais rápido do que a grande maioria. Um movimento poderoso de condições que encontram no tempo sua potência. As ideias tidas como revolucionárias que surgem na cabeça de alguém ou de um grupo, que esteja no lugar propício, com recursos possíveis de acessar, com a motivação que impulsiona o movimento de aglutinação de todas as variáveis é um exemplo do que emerge quando há tal revelação ou mudança na visão de mundo. Esses picos de encontro das variáveis adequadas são tão complexos ainda ao meu olhar que não me atrevo a elocubrar sobre as condições para que isso aconteça. A transição entre um contexto agrário para um industrial encontrou nas variáveis que se uniram na hora adequada o terreno adequado para acontecer e dar seus frutos.

Assim novas experiências foram possíveis. A máquina começou a potencializar a produção humana ao ponto de gerar um grande excedente. Deste tornou-se possível ampliar o tamanho do público que teria alcance ao que seria produzido e assim, dentre tantas outras variáveis, riqueza começa a ser criada em outras escalas e aos poucos, para mais pessoas, a vida começa a ficar melhor. Mais comida graças a tecnologia, mais produtos que aumentaram o conforto de nossas vidas e acima de tudo a promessa de uma vida melhor. Uma vida melhor graças ao quê? A industrialização, graças às máquinas.

Ao correlacionarmos um bem-estar e uma melhor vida graças à tecnologia parece perfeitamente natural pensar como máquinas ou tratar a relação do trabalho como máquina, afinal essa á a experiência que se estava tendo. Claro que o contexto é bem mais complexo afetando o íntimo do ser humano e seu ego. Nesse movimento de criação de riqueza pela tecnologia industrial e, assim, o inerente e necessário consumismo para alimentar a fome de crescimento dos grandes "chefes" das máquinas, nossa identidade começa a ser moldada conforme a realidade desejada por aqueles que detêm o poder e uma visão mais ampla da dinâmica social.

Nesse cenário, aquelas pecinhas interiores que cada um de nós carrega e que constrói nossa visão de mundo, vai ficando abafada para a maioria, ficando empoeirada, reclusa em um poço escuro e fundo de nossa possível realidade interior. Como que hipnotizados deixamos de desejar abrir as portas para nosso interior se revelar e assumimos a identidade de uma sociedade.

Penso que sempre foi assim. Contudo, essa realidade como em um holograma que começa a falhar se mostra incompleta e até mesmo sem sentido. Ao olharmos para isso temos o convite para explorar novas peças interiores que já fazem parte de nós e que precisam de abertura para emergir.

Quando começamos a sentir que do jeito que está não é tão adequado, que pode ser melhor, abrimos espaço para a dúvida saudável e assim aquele movimento de tantas variáveis pode começar a surgir novamente abrindo espaço na sociedade para um novo estado de evolução na forma como o ser humano se relaciona com seu meio.

Isso já está acontecendo e não se trata das tecnologias, da internet das coisas (IOT), Inteligência Artificial (Cognitivo) e dos aplicativos. Essas são ferramentas que ainda atendem, em sua grande maioria, uma visão de mundo baseada na relação mecanicista, em que as pessoas são encaixadas de forma a fazer o seu humano "operar" melhor. É um momento de fora para dentro, quando a profundidade da mudança deverá vir de dentro para fora, no qual novas partes daquilo que já somos começa a se revelar e mostrar que temos a capacidade de criar uma realidade relacional no mundo do trabalho que não se parece com máquina, nem com aplicativos ou tecnologia e sim que se parece mais com aquilo que já somos: organismos vivos.

Segundo a pesquisa de Laloux já existem empresas que vivem sua realidade como um organismo vivo, nas quais a metáfora da máquina e do relógio já não fazem o menor sentido. De toda forma, como sempre foi e sempre será, mesmo com diversos exemplos no mercado dando resultados melhores que as empresas "máquinas" muitos ainda estarão presos à sua forma mecanicista de ver o mundo, negando que nosso próximo passo não é a tecnologia e sim a relação humana em uma linda e complexa malha viva e orgânica.

Muitas peças estão se revelando dentro de nós. Estamos em um constante movimento que agora se exponencializa. Opa! Essa é uma fala mecanicista ou apenas da física? Troco então por: estamos em um movimento de crescimento natural em busca de raízes mais profundas dentro de nosso próprio ser.

O Mindset do futuro

Diante do contexto que descrevi para você no capítulo anterior, discorro agora sobre como imagino o futuro, ou melhor, como penso que deve ser o Mindset ampliado ao Mindlfow necessário para lidarmos com o futuro.

O Mindset do Futuro pode até parecer óbvio, quem sabe tido até mesmo como piegas ou antiquado. Mas não! Não é mesmo. Para construirmos esse raciocínio, esse sentimento sobre o tema, convido você a deixar um pouco de lado seus julgamentos prévios e comigo ir até o final deste pensamento.

Tendemos a julgar antes mesmo de terminarmos um pensamento. No segundo que vemos alguma coisa já a julgamos e ao fazê-lo perdemos a oportunidade de ver coisas novas, de pensar diferente e assim fazer diferente e conseguir resultados diferentes.

A proposta aqui é que até o final desta lógica e depois que terminarmos, você possa observar para julgar. Sinta o que faz sentido para você. Não ache que o que eu colocarei a seguir é a verdade. Ela é apenas a minha verdade que tenho a honra de partilhar com você e que poderá ser sua verdade também ou poderá ajudar você a construir a sua própria, única, pessoal e potente, que lhe dará mais felicidade, vontade e força para realizar o que você quiser realizar.

O princípio deste raciocínio leva em consideração o contexto futuro na fração da tecnologia. Para mim, pensar em futuro sem pensar na tecnologia é leviano, pois se trata de uma variável que faz a diferença.

Assim, uma discussão importante, que trata de nosso presente e principalmente de nosso futuro é a relação de nossos empregos e profissões frente a rápida evolução da tecnologia.

O que é espantoso é que algo que o próprio Ser Humano criou evolui em um ritmo que o ser humano não consegue acompanhar.

Quando olhamos para o contexto da tecnologia notamos que ela otimiza e acelera processos que fisicamente são impossíveis para o ser humano, mesmo aqueles tidos como geniais. Na verdade, muitos desses gênios criaram a tecnologia que hoje é muito mais veloz do que jamais poderíamos ser.

Milhares de artigos e estudos da medicina são "lidos" em questão de segundos por uma inteligência artificial. A capacidade de processamento de dados torna-se algo que uma máquina faz em um espaço de tempo ridículo comparado ao ser humano, da proporção de segundos para décadas. Criamos algo com o qual não podemos competir e a cada dia teremos menos e menos condições de competir.

A Fábrica do Iphone irá substituir 60 mil humanos por robôs, se é que já não o fez na época do lançamento deste livro. Na farmácia da Universidade da Califórnia o farmacêutico foi substituído por um robô. E não ache que é uma substituição que apenas visa uma redução de custos e problemas trabalhistas. Trata-se de resultados mais efetivos e menor margem de erro. O Robô da farmácia fez 2 milhões de atendimentos com Zero Erros enquanto nesta mesma quantidade um Ser Humano erra 1% das vezes, o que pode parecer pouco, mas representa 37 Milhões de erros em todo os Estados Unidos em apenas um ano.

Segundo a fonte Thomas Frey, em 2030 dois bilhões de empregos podem desaparecer com a presença de robôs.

Segundo a Deloitte, 80% das pessoas não tem as habilidades necessárias para 60% dos empregos para os próximos cinco anos, considerando como base o ano de 2019.

Não se trata, contudo, de uma competição, pois já perdemos. Trata-se da mudança de mindset.

Na área de odontologia, por exemplo, um amigo ortodontista me contou que já existe, e ele usa, um processo com inteligência artificial, capaz de escanear a boca do paciente e fazer toda a leitura necessária sobre o tratamento mais adequado. Em seguida a máquina programa as etapas do tratamento, ordena a produção de um lote de diferentes aparelhos que deverão ser trocados, em casa mesmo, a cada quinze dias. Tudo isso sem que o dentista precise participar ativamente na boca do paciente.

Então pergunto: O que nos espera em um contexto como esse? O que se sabe é que muitos empregos sumirão ou terão um grande percentual de suas tarefas extinguidas, cabendo à máquina fazer esse papel.

Que mundo novo nos aguarda? Se não podemos competir com a máquina, o que faremos?

Há aqui um convite supremo. Quanto mais os robôs se tornam inteligentes, mais os humanos devem ser tornar humanos. Esse jogo de palavras é até bonito, mas o que de fato significa sermos mais humanos?

Essa pergunta em si já abre algumas portas, já nos inspira e convida a refletirmos sobre algo que talvez nunca tenhamos considerado antes com tanta atenção.

Nossa sobrevivência frente às máquinas que nós mesmos criamos é encontrarmos o que de mais humano podemos ter.

Certamente existem diferentes perspectivas sobre o que isso significa, mas eu gostaria de partilhar o que isso significa para mim.

O que em um prazo mais longo os robôs não conseguirão fazer é olhar nos olhos de alguém e transmitir compaixão. Um sorriso que ilumina o dia de alguém não poderá ser dado por dentes e boca que não são irrigados por amor. O calor de um abraço do robô pode vir de uma placa que se aquece, mas não do fogo do coração. Um ouvido atento do robô apenas processa as informações, as dores, as alegrias e angústias de uma pessoa como dados frios, enquanto um ser humano atento ao outro processa o que ouve com as emoções.

Sabe o que uma máquina jamais poderá ser? Um Ser Humano. Sabe o que um ser humano tem que uma máquina não pode copiar ou aprender? A CAPACIDADE DE CUIDAR DO OUTRO.

Por isso, para mim, A PROFISSÃO DO FUTURO SERÁ MEIO PARA NOS UNIRMOS, PARA ZELARMOS UM PELO OUTRO. O dentista não cuidará de bocas e dentes, cuidará de pessoas através das bocas e dentes. O professor não dará mais aulas, ele cuidará de pessoas através da educação. O advogado cuidará do outro através do direito, o engenheiro civil cuidará do outro através de suas obras. Tantas outras profissões que ainda surgirão, penso que estarão sob essa mesma visão.

… .

O futuro do ser humano é o outro ser humano

Nosso futuro é cuidarmos uns dos outros

Para você, o que é a imagem de quem cuida? Neste futuro cada dia mais presente, saber sobre empatia, como ouvir profundamente, entrar em estado de presença, ter inteligência emocional, autoconhecimento, modelo mental ou fluidez mental e corporal é a nova essência do nosso existir.

Segundo o Fórum Econômico Mundial as Habilidades previstas para 2020, isto é, praticamente hoje, são:

- SOLUÇÃO DE PROBLEMAS COMPLEXOS
- PENSAMENTO CRÍTICO
- CRIATIVIDADE
- GESTÃO DE PESSOAS
- RELACIONAMENTO INTERPESSOAL
- INTELIGÊNCIA EMOCIONAL
- JULGAMENTO E TOMADA DE DECISÃO
- ORIENTAÇÃO PARA SERVIR

- Negociação
- Flexibilidade Cognitiva.

Desta lista, o que mais lhe chama atenção? Você deve estar lendo este livro em 2019, ou já em 2020 ou mais adiante ainda. O que de fato tornou-se real?

Em minha reflexão vejo que no modelo mental do futuro, na Fluidez mental do Cuidar, temos a base de tudo isso.

Será que estou forçando a barra? Talvez, mas para mim, solucionar problemas complexos pede a capacidade de estarmos com os outros em estado de presença que permite uma melhor utilização da inteligência emocional. Com o outro, desejando cuidar, me torno mais propenso a servir, tornando minha capacidade de negociar mais humana, mais efetiva. Com o outro de verdade posso me ver melhor e me conhecer melhor potencializando minha capacidade de entender o outro, tornar-me empático ao outro. Por que gestão de pessoas é um dos itens? Para mim, justamente porque O futuro do Ser Humano é o Outro Ser Humano.

Da lista ainda sobrou Pensamento Crítico, Criatividade, Julgamento e Tomada de Decisão e Flexibilidade Cognitiva. Onde entra o Cuidar aqui?

Bom, entra no cuidar de si mesmo, permitindo-se não estar certo o tempo todo, sendo humilde pela própria existência, reconhecendo que melhor seremos o quanto mais interessados em aprender estivermos. Cuidar de nós mesmos é termos a capacidade de nos julgarmos menos e assim abrir janelas que permitem os paradoxos, os antagônicos conviverem. Com esta capacidade exercitamos nossa flexibilidade cognitiva o que abre, escancara tais janelas, nos trazendo os ventos da sabedoria, ampliando nosso olhar para o outro, a opinião do outro, o modelo mental do outro, a vida do outro e de nós mesmos. Esse turbilhão bem cuidado potencializa nosso pensamento crítico. E olha que lindo, tudo isso fertiliza nossa criatividade, pois teremos até este ponto ampliado nossa mente e nossa percepção de mundo.

Teremos tornado nossa mente mais fluida, teremos criado uma fluidez mental e não mais apenas um modelo mental. Por fim, aquilo que nos leva a ação: A Tomada de Decisão e o julgamento.

Perceba que o processo todo começa em não julgando, lá atrás quando em um estado de presença e intenção de cuidado apenas estou aberto a ver o que há de verdade em minha realidade e somente depois de estarmos assim fertilizados o suficiente poderemos julgar, avaliar, ponderar e então decidir.

Já ouvimos várias vezes diferentes pessoas se referindo a outros na intenção de elogiá-los e então dizendo: "Essa pessoa é uma máquina para trabalhar."

Evoluiremos quando dissermos: "Essa pessoa é incrível, pois é um verdadeiro ser humano para trabalhar."

Mindflow do futuro

Um constante novo mindset

Apresentei anteriormente minha visão de futuro frente às tecnologias, no qual a tradução ou seu mais simples resumo se encontra na expressão: "O Futuro do Ser Humano é o outro Ser Humano."

Frederic Laloux, Consultor, Conselheiro e Autor Belga, traz um cenário histórico importante para entendermos a evolução dos seres humanos. Existem diferentes níveis de consciência segundo Laloux, que vai do Infravermelho ao Turquesa. A escala de cores foi inspirada no trabalho de Ken Wilber da Visão Integral.

Essencialmente, a cada nível que subimos temos um paradigma mais complexo, e por que não dizer, mais completo. Dos níveis mais recentes, de 50 mil anos para cá, temos as organizações vermelhas, para as quais o Autor traz a metáfora da Alcateia, em que o líder alfa é presente e determinante. Do vermelho, há uma evolução para o Ambar, que pode ser bem representada pela metáfora do Exército, em que as regras rígidas, títulos e a conduta pela "vara", dita literalmente como as coisas devem ser feitas.

O próximo nível é o Realizador-Laranja, no qual muitas empresas atualmente se encontram e é fácil identificar isso, o mantra na companhia é "Resultado," a palavra mais citada é resultado, tudo é avaliado sob a perspectiva do resultado. A máquina e o relógio são metáforas que bem definem esse paradigma, ou esse modelo mental, essa forma de ver o mundo e nele se conduzir. Embora possa parecer apenas danoso olhar para esses três níveis de consciência, cada um tem sua luz, como diz Laloux, assim como sua sombra.

As organizações Laranjas são as que trouxeram toda a perspectiva de Inovação, Responsabilização e Meritocracia. Isso definitivamente é muito bom, dado o avanço que alcançamos. Porém, é tal qual um motor potente em alta velocidade nas mãos de um piloto que não liga muito para sinais, radares, lombadas e pedestres, haja visto o foco deste piloto: O resultado, cruzar a linha de chegada, não importa como. O próximo nível pode trazer essa vantagem de avanço conseguida pelas Laranjas e ampliar seu escopo com um nível de responsabilidade muito maior e inclusivo. Trata-se do nível pluralista-verde, em que o foco sai do resultado, embora não o perca de vista, e entra o relacionamento. Ainda temos aquele motor potente em mãos, mas agora estamos olhando principalmente para os pedestres e outros motoristas.

Nas empresas Verdes, que não quer dizer ecológicas, o avanço está mesmo no empoderamento, na capacidade e na confiança de que seus colaboradores, movidos por um propósito inspirador, tomarão as decisões certas. O Shareholder que ditava as normas da empresa Laranja, agora dá espaço para os Stakeholders, isso é, todos aqueles impactados pelo simples fato de uma empresa existir. O salto do nível verde é para o que Frederic Laloux chama de evolutivo-TEAL, no qual a auto-gestão, integralidade e o propósito evolutivo regem o paradigma desse nível de consciência, que tem o organismo vivo como sua metáfora, tendo evoluído da metáfora do nível verde que é a família.

Então, a essa altura você deve estar pensando que em meus cursos na Califórnia eu experimentei algo verde demais. Não, nada disso, não se trata de uma visão alucinada, nem tão pouco hippie no sentido de deixar de lado o dinheiro, o lucro, os resultados. Na verdade, é bem o contrário, as empresas, que como Raj Sisodia, um dos pais do Capitalismo Consciente, define como Humanizadas (Firm of endearment), dão um resultado extraordinário.

Segundo pesquisa de um colega, Pedro Paro, para sua dissertação de doutorado e retratada na revista HSM (edição 133[2]), as empresas Humanizadas são duas vezes mais rentáveis do que a média, possuem clientes 240% mais satisfeitos e colaboradores 225% mais felizes.

Como Laloux diz, Trata-se de níveis de evolução e estamos evoluindo, mudando nosso paradigma, entrando em um mundo que denominei Mindflow, no qual a evolução é um processo consciente, desejado e sustentável. O difícil é largar a nossa casca de cigarra (o inseto barulhento) quando crescemos, deixar um nível para trás para entrar em outro, largar aquilo que muito nos acalentou e nos trouxe poder e status, para entrar em um mundo melhor, literalmente, para muito mais pessoas. Tradições antigas já nos mostravam o caminho, desapegue, para que possa surgir o novo, desapegue, para que possa crescer, deixe sua casca velha para trás, ela já serviu ao seu propósito, agora temos outro.

---

[2] Para os loucos por números, se você somar 1+3+3 teremos 7, que representa o infinito (não o 8 deitado) mas o sete... perdoe ...x 7. O que veio é para ficar...evoluindo

O Mindset do futuro e o Torus!

Imagine você pesquisando temas para incluir em seu livro, quando se depara com algumas informações meio estranhas. Pense que ao estudar mindset, modelo mental, mentalidade, formas de ver a vida, paradigmas, mindflow, você se depara com a física. Mais especificamente com os campos eletromagnéticos. Então você pode pensar "Mas que legal, porém não tem nada a ver com o que eu estou estudando." Opa esse já é um mindset, contudo obstrutivo.

Um outro mindset, já mais na linha do mindflow, seria considerar o quão liquido o mundo é (Bauman) e assim conceber uma mentalidade mais flexível e ter uma postura mais ampla diante da vida. Isso resulta em inclusão e não em exclusão, pois esta última vem apenas na hora de se tomar uma decisão, mas na hora de conceber uma visão de mundo, melhor incluir.

Isso foi o que fiz ao me deparar com os campos eletromagnéticos. Ao estudar um pouco mais este tema me deparei com o conceito de Torus. Explico: Torus é concebido como o fluxo de energia que se retroalimenta em um processo que representa o fluxo de energia do universo.

Sua forma é bem interessante e para ilustrar basta fazer menção ao fruto do saber. Oi? Sim, olha que curioso. Na Bíblia temos a alegoria da árvore da qual Adão e Eva não deveria desfrutar. Então vem a cobra, animal que rasteja pela terra e com sua maleabilidade induz o casal a deliciar-se do fruto proibido. Que fruto é esse? A maçã. Mesmo que algumas linhas de estudo possam relevar ou sugerir um erro de tradução da Bíblia em seu original, a figura da maçã ainda é bastante simbólica e nos ajuda a abordar o tema aqui proposto. Mas, em frente, Sim! essa fruta, a maçã, tem a exata forma do Torus. Esta forma é possível ser vista nos campos dos imãs, dos planetas, dos buracos negros e claro, dos seres vivos, inclusive no ser humano.

Agora, sabe onde é o centro gerador desse campo em nós?

Veja isto: No nó sinusal, que fica no coração. Calma, não é só isso. Ele tem a responsabilidade de marcar o passo, o ritmo da vida, ele produz o potencial de ação que tecnicamente é o estímulo elétrico. Lembre-se, somos seres que operam sob químicas, hormônios por exemplo e física, eletricidade e movimentos motores, músculos.

E não para por aí. Como consequência do campo elétrico há um campo magnético na forma do Torus e que envolve todo nosso corpo. Quanto maior o potencial de nosso coração, maior será nosso "campo Torus."

O que isso significa? Nosso campo se entrelaça com o de outras pessoas. Não sei se você já notou, mas há pessoas de quem nos aproximamos e com as quais sentimos algo diferente, como se um "campo" de amor nos absorvesse. Por que será? Há relatos de pessoas, inclusive de amigos meus, que estiveram na presença de grandes seres como Dalai Lama e que mesmo distante deles podiam sentir uma vibração, um campo de energia que poderia ser definido como "de outro mundo", mas não, é deste mundo mesmo, apenas um mundo onde o coração é um motor poderoso de geração de energia magnética. Inclusive usamos essa definição para denominar pessoas que nos atraem fortemente. Somos atraídos.

Quando penso nesse contexto e no mindlfow do futuro, no qual o futuro do ser humano é o outro ser humano, fica impossível não considerar o coração como a mola propulsora dessa relação, desse movimento.

Parece esotérico demais para você? Não é. É física mesmo e se assimilar isso é difícil, pense no seu mindset, na forma como você vê a vida. Experimente novos ângulos, novos pontos de vista e novos conhecimentos, somente assim você se dará o direito de ir além! De ver o que está à sua frente e nunca viu.

O conhecimento é o código que adquirimos para conseguirmos melhor decodificar a vida. Se você só tem um código, a vida fica "mono," fica unilateral, fica insossa, chata, literalmente fica 2D.

Traga sua vida para o mundo 3D. Não da tecnologia, dos óculos 3D e da realidade aumentada ou virtual. Aumente sua realidade com seu cérebro, seu corpo e para isso não precisa de aparelhos e sim de visão, de mente aberta, de vontade de ver o diferente e com ele aprender. Isso sim é diversidade. O resto é apenas uma conversa unilateral.

...
Parte 5
Alguns influenciadores e componentes de seu Mindset
...

Perguntas

De tudo que vimos até aqui, muito, ou tudo surgiu, pois havia muitas perguntas para as quais eu desejava respostas. As perguntas são mágicas, aterrorizantes e libertadoras também. São portas esperando para serem abertas, exploradas.

Seja qual for a pergunta, o alcance de minhas repostas se limita ao tamanho de meu repertório. Além do caminho óbvio, estudar, pesquisar, "googlar", há outros com a crença de que se atingindo certo nível de consciência nos tornamos capazes de acessar um repertório além daquele restrito ao nosso crânio. Não sei se esse acesso teria como produto o insight ou a intuição ou se esses ainda são produtos de nossas sinapses. Enquanto não tenho clareza sobre isso, há um outro caminho para se ampliar o repertório e assim a potência das repostas que procuramos. O diálogo, a inclusão de outras pessoas, outras opiniões. Essa troca é bastante rica e proveitosa, desde que se consiga ouvir com objetividade, sem julgamentos. Esse é um estado importante do mindflow, a capacidade de se abster, nem que por alguns segundos. Abster-se de julgar os fatos, rotulá-los tão rápido quanto os robôs nas fábricas!!!

Buscar clareza na pergunta que se tem, incluir diferentes pontos de vista e abster-se de julgamentos instantâneos aumenta nosso poder de exploradores em busca das respostas para nossas perguntas mais importantes. Inclusive, quais são suas perguntas, para quais ainda não se tem repostas? Com o que você concorda e por quê?

Quantas das perguntas que você tem já foram partilhadas com pessoas que você confia? Nessa partilha, o quanto você buscou ouvir sem julgamento? O quanto você ouviu procurando a confirmação do que você queria ao invés de ouvir o que o outro tinha de fato a dizer?

Uma habilidade importante para quem assume o mindfow é saber fazer perguntas de forma que leve a si mesmo e os outros à reflexão. Que ajude sair do pensamento padrão e previsível.

Você já imaginou o poder que há por trás daquilo que você nunca imaginou até agora?

Mindset, Modelo Mental, Mentalidade, forma de ver o mundo

Poucos de fato leem livros com regularidade, mas todos nós lemos todos os dias. Nas redes sociais estamos lendo o tempo todo, vendo vídeos, ouvindo podcasts, acompanhando stories, que em alguns casos mais parecem novelas.

O consumo de informação é uma constante em nossas vidas e estamos cada vez mais expostos a um volume enorme de dados, certo?

Sim e não. Sim, porque o volume é grande mesmo. Não, porque com a tecnologia cada vez mais avançada, algoritmos e sistemas permitem ou até mesmo promovem um comportamento inteligente das máquinas que acabam por filtrar aquilo que estamos consumindo. Do que mais consumimos mais teremos acesso. Isso gera um vórtice poderoso de reforço de mensagem. Acabamos sendo impactados por mensagens do mesmo tipo o tempo todo.

Já reparou que você vive APENAS na SUA rede social? Veja se faz sentido. Mesmo você sendo pai, mãe, marido, esposa, filho, você não acessa a rede social do seu filho, pai, esposa, marido. Você acessa apenas a sua rede, com a sua senha e o seu perfil.

Experimente olhar a rede de sua esposa ou de seu filho. Veja se o feed de informações que lá consta é o mesmo que o seu. Veja o quanto do seu feed é igual e diferente do da outra pessoa que convive com você.

Mas por que isso é importante?

Bem, note que a sua rotina de consumo de informação cria no sistema um contexto habitual, isto é, o seu hábito vira seu contexto e reforça aquilo que você quer ver, por isso você continua vendo. Se o seu feed começar a destoar demais do que você gosta ou quer ver, você deixa de ver e busca outra fonte, outra rede.

Esse reforço da informação é importante demais, pois cria a sua bolha existencial. Aquilo que você procura você acha.

Claro que tem as propagandas e todo o marketing, se é que na verdade tudo não é apenas um grande mercadão que está usando suas informações para lhe vender cada vez mais e de forma mais específica, mais adequada ao seu perfil. Isso é muito legal, mas leva você a considerar a compra de coisas que não precisa. Aliás, isso sempre existiu, sempre compramos o que não precisamos, mas agora, com tantos dados à disposição das redes sociais das empresas e dos marketeiros, a influência fica ainda mais forte. E qual a relação disso com Modelo Mental?

Tenho que confessar que também sou vítima das redes e dos algoritmos. Embora atento a isso, ainda sou vítima, pois para não o ser teria que sair das redes e mudar meu "estilo" de busca o tempo todo. De toda forma, estar consciente já é um bom passo.

No meu consumo de informação, modelo mental / mindset tem aparecido muito. Claro que como estudo o tema isso para mim fica mais óbvio, mas tenho notado que em artigos, matérias, postagens que falam sobre start ups, gestão, pessoas, design, artes, medicina, tem se falado demais e utilizado muito esta palavra "mindset" ou modelo mental, ou ainda Mentalidade. Quando começam a fazer piadas e vídeos engraçados com o tema, então sabemos que realmente já está na boca do povo.

Penso que a razão pela qual tantos temas diferentes trazem a menção ao Mindset é porque está cada vez mais claro que justamente nosso modelo mental define o mundo que vemos.

Fala-se de um mindset de caridade, um mindset de empreendedor, um mindset feminino, um mindset agressivo, mindset do sucesso e por aí vai.

Por isso, parte da intenção deste livro é justamente conseguir traduzir um pouco o que e como funciona esse mindset e uma vez consciente dele podermos alterá-lo para melhor caminharmos em nossas vidas. Mas não é tão simples, pois eu poderia apenas lhe dizer que mindset é a forma de ver o mundo e isso me parece já esclarecer muita coisa. Afinal, cada um tem seu ponto de vista, ou como dizem, um ponto de vista é a vista de um ponto. Mindset é este Ponto.

Mindflow por sua vez é a intenção, o que demanda entendermos melhor o que é mesmo o mindset e como ele se torna fluido, orgânico e não apenas um "modelo" ou algo que está "set", fixado.

Sabe quando dizem "A ignorância é uma benção!"? Isso é também um mindset, mas perceba que se trata do fato de que ao sabermos mais, sabemos que há muito mais por saber e que as coisas podem mesmo ficar bem complicadas, mas com a oportunidade de conhecermos um mundo vasto e cheio de convites para uma evolução humana mais poderosa.

Vamos complicar então, para tentar simplificar depois?

Quando eu disse que Mindset é um tema complexo embora seu entendimento possa parecer trivial, é porque ao analisarmos o assunto já estamos fazendo sob o efeito de um mindset. É falar do olho que está vendo, mas olhando para esse olho com os mesmos olhos que em primeiro lugar já vem filtrado com um mindset.

O grande desafio da análise sobre o tema do modelo mental é que ele é vítima de si mesmo, fazendo ficar bastante difícil uma abordagem neutra, sem viés algum. Para tentar fazer isso a busca se deu por modelos e conceitos que sustentam a criação de um modelo mental, bem como o trabalho de duas fontes importantes sobre o tema, que abordam tipos de mindsets.

Falar que essas referências estão absolutamente desvinculadas de viés seria uma loucura da minha parte, mas creio que devido aos métodos científicos aplicados e os resultados práticos alcançados, talvez tenhamos em mãos um material mais robusto em sua consistência. No fim, eles mesmos são vítimas de seus modelos mentais, afinal a própria ciência opera debaixo de modelos mentais. Como por exemplo, não se aceita como verdade aquilo que não se pode provar. Contudo, não podemos provar algo porque isso não existe ou porque somos incapazes de conseguir provar isso? Será que provar a não existência de algo é suficiente para dizer que não existe de fato? Pois afinal, podemos estabelecer critérios que dizem que algo não existe, mas e se esses critérios não forem suficientes para fazer tal prova?

Imagine que você está tentando provar que o ar existe. Você não vê o ar então precisa tangibilizar sua existência de alguma forma. Talvez o fato de respirarmos seja suficiente. Mas podemos respirar qualquer ar? Então podemos perguntar: o que é "Ar"? Tudo aquilo que preenche o que não parece preenchido por algo que podemos ver?

Percebe que o filtro que usamos para avaliar aquilo que observamos altera a realidade observada?

A Terra já foi o centro do universo, certo? Sob qual critério?

Hoje, O Sol é o centro de nosso sistema e somos informados de que existem milhares, milhões ou até mais, de galáxias. Essa informação está "provada" por alguém. Você conhece esse alguém? Você sabe que métodos foram utilizados para provar isso? Sabe quais critérios foram usados? Temos imagens no cinema, no YouTube, nas fotos. Você tirou essas fotos? Quem tirou? Um satélite? Qual? Quem disse? Por que esta informação chegou até você? Quais informações não chegaram até você que se chegassem mudariam a forma como você vê o mundo?

Já reparou como tem fórmula pra tudo nas redes sociais, nos livros, nos vídeos? Tem jeito para ficar rico, malhado, até quase imortal. Por que então nem todo mundo é rico, malhado e imortal? — com a licença para a brincadeira.. Será que os métodos, técnicas, tecnologias e segredos só servem para quem publica ou para algumas pessoas sortudas?

Então aqui nos deparamos com outro ponto curioso. Se funcionou para o outro vai funcionar para mim. Certo? Sim.... Não....Talvez..... Acho que essa resposta seria a mais próxima da realidade. Por quê? Porque cada realidade é uma. Se deu certo para o outro e eu sendo o outro, agindo como o outro, nas mesmas condições do outro, com as variáveis semelhantes ao do outro, possivelmente terei resultados semelhantes.

Pela PNL existe um processo chamado Modelagem, que busca traduzir as melhores práticas do outro para que você possa alcançar resultados semelhantes. Na verdade, foi assim que surgiu a PNL. Contudo, o que se faz nessa modelagem é buscar entender o modelo mental por trás das ações e não somente o comportamento em si. Trata-se do "porque" da ação e não da ação em si. Isso já na PNL mais avançada.

Aqueles que querem emagrecer, por exemplo, lidam com uma variedade de técnicas, fórmulas, dicas que tangem o infinito. Pelo menos é essa minha sensação, uma vez que nas gôndolas de supermercado, toda semana tem uma revista cuja capa traz uma bela mulher e/ou homem com tais dicas de emagrecimento. É a atriz que usou a Lua com agrião e linhaça para emagrecer dez quilos em uma semana. SANTO DEUS! E assim, vão surgindo várias fórmulas pelo caminho.

Defendo a ideia de que a grande maioria das fórmulas funciona sim, pelo menos para quem criou. Mas há também os casos de mentira, algo que não tem pelo menos histórico de uso ou validação e se vende como algo certo. Você pode sugerir coisas, mas para garantir, você precisa ter as variáveis certas jogando o mesmo jogo. Creio que alguns exemplos passam pela sua cabeça a esse respeito, mas ainda assim deixe-me tentar contribuir com um.

Muitos de nós estamos acostumados a entrar no carro, ligá-lo e sair dirigindo, certo? Não nos preocupamos em checar diariamente o motor, as engrenagens, o óleo e tudo o mais. Isso fica para as revisões que fazemos de tempo em tempo. Mas, certamente, você entra no carro e dirige certo ou certa de que tudo está em ordem, até que não esteja. Aplicar fórmulas, processos e métodos, desde emagrecer à gestão de pessoas e corporações, segue uma lógica similar à do carro. A fórmula ensina a pilotar o carro, a conduzir nas ruas, a acelerar, ultrapassar, frear. Ensina sobre os limites de trânsito, regras, sinais. Mas não ensina a mecânica do carro. Por quê? Pois partimos do pressuposto de que o carro está pronto para funcionar.

Contudo, nessa analogia, nosso modelo mental é nosso carro e as fórmulas, processos e metodologias partem do princípio de que você tem o carro pronto, quando na maioria das vezes não se tem, afinal, por mais que um carro seja complexo, um ser humano é bem mais.

Aqui entra então a importância de se entender o peso dos modelos mentais e da nossa capacidade de entrar no MindFlow, na composição de diferentes mindsets, diferentes pontos de vista e considerar que talvez nossa "mecânica" precise ser ajustada para andar na rota que estão nos propondo. O mesmo acontece com o carro, se você aprender a fazer rally, mas chegar com um carro não adaptado, de pouco adiantará seus conhecimentos, pois a ferramenta não estará adequada.

O Modelo Mental não é só mental

Uma das coisas mais curiosas quando pensamos sobre a mente humana é que muitas vezes parece que se trata de uma entidade separada de nosso corpo. Parece que ao falarmos da mente, ela existe longe de nossos braços, pernas, vísceras, como se não houvesse uma ligação direta e muito menos qualquer tipo de influência.

Contudo, essa perspectiva, ou crença, não poderia estar mais longe da verdade. Sabemos, pelo menos até onde o modelo mental da ciência nos permite alcançar, que tanto nosso corpo, seus movimentos e postura influenciam o cérebro, e este também influencia o corpo.

Se estamos falando de modelo mental, estamos também falando de um modelo que afeta diretamente aquilo que fazemos, aquilo que nosso corpo faz na prática, em última instância, as ações que executamos. Na verdade, não faria muito sentido falar de modelo mental, de mudança de mindset, sem que falássemos das mudanças que isso causa em nossas ações, pois sabidamente são elas, as ações, que geram os resultados que temos na vida, gostemos ou não.

Em fevereiro de 2019 estive em uma imersão com o Doutor Peter Levine, PhD, um dos maiores nomes no tratamento de traumas. Por mais de quarenta anos, Levine vem executando e desenvolvendo procedimentos não medicamentosos para a cura do trauma. Tão pouco sua abordagem é puramente psicológica ou psicanalítica.

Em verdade, o Doutor Peter descobriu uma forma e assim criou técnicas para tratar e curar o trauma utilizando o próprio corpo dos pacientes. Quando digo utilizando o corpo do paciente, não se trata de cirurgia ou ações invasivas, mas sim uma forma de conversar com o corpo, para que ele, em sua ampla inteligência, possa encontrar o caminho para a cura.

Durante a imersão pude aprender parte de suas técnicas, que para minha vida pessoal e profissional eu trago como formas de abordar a aprendizagem para de fato conseguir ajudar meus alunos e familiares e amigos a incorporarem o aprendizado. Para que possam experimentar um processo de entendimento da vida, da realidade e de si mesmos de forma mais profunda, dentro de um campo que a mente lógica sozinha não consegue alcançar.

É como se o corpo criasse um contexto ou construísse um cenário através do qual a pessoa pode ter uma experiência completa de seu trauma no sentido de fechar o processo que não foi concluído no momento em que o trauma se instaurou. A saber, o trauma, segundo Levine, é um processo aberto, um ciclo que não se fechou e por isso criou um acúmulo interno no corpo que acaba agindo como um ser vivo, gerando sintomas dos mais diversos, como dores em geral, medos exacerbados, agitações exageradas e processos de "trancamento" (shut down) que impedem a pessoa de se livrar de si mesma, de se livrar de uma prisão interna.

A experiência somática, técnica criada por Peter Levine, PhD , busca assim fechar este "gap", este abismo existente nas pessoas traumatizadas. Contudo, o tema do trauma para nós aqui é um contexto, um cenário sobre o qual construo a percepção e a importância do envolvimento do corpo no entendimento e construção de modelos mentais, ou melhor ainda, na criação de um mindflow.

Note que, ao tratarmos do modelo mental, estamos buscando nos entender e entender de que forma podemos melhor nos desenvolver na busca de uma vida mais plena, mais alegre, com realizações que de fato falam à nossa existência e permitem que, ao final desta etapa terrena, digamos "Valeu a pena ter vindo para esta vida."

Mais adiante, volto neste tema com mais detalhes, mas antes precisaremos passar por outros conceitos. Siga em frente.

Limite x Fronteira

A neurociência tem trazido um conhecimento fantástico para os campos da patologia, bem como para a educação e o comportamento humano. Saber como esse sistema absolutamente complexo opera, o que ainda em muitas vertentes é um mistério, nos permite evoluir como nunca antes.

O que antes era um limite, hoje se transforma em uma fronteira. Costumávamos dizer, pelo menos aqueles da minha época (anos 70 para trás), que "Cachorro velho não aprende truque novo." Isso tinha correlação com a crença de que nosso cérebro não tinha o que se chama hoje de plasticidade, ou seja, a capacidade de se adequar, evoluir, adaptar-se, em outras palavras: a capacidade de aprender.

Sabemos hoje que sim, cachorro velho e pessoas idosas ou meramente adultas podem e devem evoluir constantemente, não somente devido às condições mutacionais de nossa época, mas também pelo bem de nossa saúde mental.

Uma das revelações que para mim tem uma potência enorme para o campo da evolução é sabermos, até certo ponto, como nosso Córtex Pré Frontal trabalha. Este "pedaço" de nossa cabeça, também conhecido como mente executiva ou mente inibidora, tem a capacidade de colocar foco consciente sobre aquilo que executamos. Nos permite planejar, pensar o futuro e sobre ele criar aquilo que no presente pode nos levar até esta imagem idealizada. Nos ajuda a sermos mais sociais e respeitosos, quando nossas vontades mais animalescas tentam tomar posse de nosso comportamento. Aquela torta de chocolate, ou aquele brigadeiro dando sopa na mesa ativa desejos deliciosos, mas a mente inibidora pode e muitas vezes deve ser treinada a ponto de conseguir dominar esse instinto. Mas nem sempre funciona, afinal comer essas coisas é bom demais e nos enche de prazer imediato. Um paradoxo entre o desejo de futuro e o prazer do presente. (Vale conhecer o famoso teste do Marshmallow).

O que antes nos era colocado como limite, nosso cérebro, ao atingir certa maturidade e com isso tornando-se estagnado, passou a ser uma fronteira, agora sabemos que essa maturidade nos traz potências realizadoras, bem como travas, e a capacidade consciente e desejável de evoluir, de ir além do que um dia foi.

Somos paradoxais. Ao mesmo tempo que somos os "mais inteligentes" somos aqueles que usurpam a natureza, que a exploram sem conseguir usar nossa ferramenta mais poderosa, o cérebro, em especial o córtex pré-frontal, para entender o quanto ela, a natureza, é na verdade nossa imagem. Somos a natureza, somos parte, mas não um pedaço, não à parte, mas sim criaturas coladas, arraigadas, intrincadas nesta natureza. Sua vastidão pode nos trazer a ilusão de que não somos afetados, como se ao cortar um dedo, este esteja tão longe, tão distante neste vasto sistema que não sentimos imediatamente. Mas sentiremos e já estamos sentido isso na pele, nas barragens, na lama, na vida alheia que deixa de ser vida e torna-se apenas adubo neste sistema natural. Somos isso, o pó que volta ao pó.

Somos convidados a evoluir em um sentido um tanto quanto bizarro. Este convite é para que comecemos essa evolução resolvendo os problemas que nós mesmos criamos. Somos chamados para que nosso olhar busque soluções e não a criação de mais problemas enquanto achamos que estamos resolvendo algum, geralmente situado no âmbito da ganância. Devemos buscar nossa evolução resolvendo a nossa involução. Temos que andar para frente todos os passos que andamos para trás no que tange a relação humana com os humanos e com a natureza.

Somos ou não somos inteligentes? Sim, mas talvez ainda não acessamos esta parte fenomenal que temos como vantagem bem na nossa cara, bem aqui, acima de nossos olhos atrás apenas de nossa testa que insistimos em bater na parede de nossa ignorância social, de nossa miopia relacional.

Somos o todo e insistimos em agir como parte. Devemos evoluir como parte, mas conscientes de que afetamos este todo.

Já não há mais tempo para pensar, mas há tempo para refletir. Sim, vejo isso como duas coisas diferentes. O Pensar atual está muito voltado ao lógico, ao racional, ao KPI, ao ROI que corrói as estruturas básicas da convivência. O Refletir viaja em asas mais fortes, dá saltos mais altos, para dentro de nós mesmos. É uma jornada sem volta, pois quem se permite navegar em suas próprias águas poderá encontrar a profundidade do que significa ser humano.

Refletir, por sua vez, usa sim o córtex pré-frontal, mas o utiliza como meio para sair da frente de si mesmo, para parar de buscar aquilo que não está ao seu alcance. Refletir é abrir a porta das sensações, do sentir como é estar conectado com o todo e com todos. É sentir o outro e a si mesmo e nesta relação sentir o que é ser inteiro, estar completo. Refletir é a porta das soluções, da criatividade, do empreender em projetos que resolvem muito para muitos e não muito para poucos. Reflexão é diálogo entre o seu todo, a sua lógica, o seu imaginar livre e o seu corpo como canal para expressar e entender o mais profundo da existência. Mergulhe em si mesmo e convide todas as suas partes para ir com você. Viaje mais para dentro de si mesmo e curta isso, envolva-se nisso, viva isso e partilhe com todos.

As três intels

A ideia que defendo nesta obra é a da evolução pela educação. Contudo, não estou navegando em mares já bastante explorados pela opinião pública mais ampla, principalmente no que tange à estrutura de nossas escolas no Brasil. Ainda não estou pronto para alcançar um nível tão profundo de discussão a ponto de conseguir sustentar uma tese para a mudança ou evolução, de fato, daquilo que faz a diferença na sociedade como um todo.

O objetivo desta obra é ajudar as pessoas a ampliarem sua visão de mundo e com isso importarem o mundo de forma ainda mais positiva.

Contudo, minha visão busca alcançar um campo profundo, sim, de transformação. Nos serviços que presto ao mercado sou convidado para desenhar soluções que se enquadram no campo do treinamento, do desenvolvimento humano. Meus estudos e práticas se focaram bastante nesse aspecto, do aprendizado humano, mais focado no aprendizado do adulto.

Quando digo que minha visão busca alcançar um campo mais profundo, o que quero dizer é que nos treinamentos que aplico busco sempre ir além da transformação pontual desejada pelo cliente, sendo essa o mínimo que deve ser entregue. Busco nesse processo entregar uma experiência humana de aprendizado, na qual aquele que participa das experiências tenha a oportunidade não somente de alcançar aquilo que a empresa deseja, mas possa evoluir como ser humano, encontrando mais sentido no que faz, mais significado para o que constrói, ou simplesmente se sinta mais feliz. Sei que não consigo ainda impactar 100% de meus alunos, mas certamente alguns têm me dado feedbacks que justificam eu manter esse foco de atuação.

Para conseguir realizar esta vontade, esta visão de fazer o ser humano experimentar um aprendizado que o toque com maior profundidade, levo em consideração três inteligências que aprendi com Robert Dilts: Lógica, Metafórica e Somática. Isso significa que toda vez que pensarmos uma experiência de aprendizado poderemos levar ou devemos levar em consideração essas três inteligências.

- A INTELIGÊNCIA LÓGICA diz respeito à nossa capacidade de raciocinar de forma linear. Trata-se do pensamento clássico; tendo a dizer pensamento Cartesiano, mas acho que este não define por completo tal capacidade que temos, que é bastante poderosa.

- A INTELIGÊNCIA METAFÓRICA diz respeito à nossa capacidade de imaginar. Na verdade, creio que "somente imaginar" também não defina com exatidão o que isso significa, pois pode acontecer de querermos imaginar com a mente lógica. Neste caso, seria mesmo dar asas à imaginação, fazê-la tomar Red Bull (Marca registrada, mas não sei se tem para imaginação) e voar longe, encontrar imagens, sons, ritmos que se expandem da mente lógica e dançam no campo infinito das possibilidades das conexões que podemos realizar. Esta inteligência é muito linda e poderosa e, infelizmente, ao crescermos, a perdemos, deixamos este poder nas mãos de nossos brinquedos da infância, que um dia tiveram voz, movimentos, cores, cheiros, vontades, sonhos e hoje são apenas peças de plástico, borracha e metal.

Confesso que sinto falta desta capacidade no dia a dia. Nossas organizações têm muito a ganhar com isso, mas é preciso deixar as pessoas fluírem. Contudo, não basta colocar pufes, mesas de jogos, escorregadores. O ambiente faz diferença, mas o clima criado pelas interações humanas é muito mais importante. Para esta inteligência fluir, a liderança e as pessoas devem se comportar como quem valoriza isso de verdade, devem mostrar que isso é importante. Leiam mais poesias, estórias fantásticas. Pintem, escrevam livremente.

Dediquei-me um pouquinho mais a esta inteligência, pois ela faz bastante diferença. Dizem que foi Einstein quem falou: "A imaginação é mais importante do que o conhecimento." Uau!! O que de fato isso significa?

Tento aqui explicar com base nas experiências criadas em sala de aula com meus alunos. Parte de meus processos inclui a criação de desenhos e poesias. Sim, um apelo quase que desesperado para cavar fundo onde um dia já brincamos como mestres e hoje mal conseguimos acessar. Sempre que trago uma dessas atividades, os alunos olham espantados para meu convite e até mesmo debocham em um primeiro momento. Tudo bem, acostumei-me ao rápido julgamento que todos nós fazemos de tudo a todo momento. Contudo, depois de fazerem uma poesia, por exemplo, a sala toda descobre um poder que estava guardado bem ali, debaixo do peito, em nosso coração. As palavras fluem de forma graciosa e emocionada pelas poesias criadas por pessoas que nunca escreveram uma poesia antes.

Claro que você deve estar se perguntando como fica a questão prática disso, quanto ao ambiente corporativo. Com alegria lhe conto que sempre que aplico este formato de experiência há descobertas importantes. Deixe-me detalhar para você o que isso significa e para isso preciso lhe contextualizar.

O curso contínuo que dou, fora os cursos personalizados que crio, tem como objetivo trabalhar a liderança autêntica. Isso significa um processo que em três dias buscamos uma melhor amplitude de compreensão sobre nosso papel como líderes e de que forma trazer nossa essência muda esse papel.

Começo o curso sempre trabalhando mais a inteligência lógica, pois esta é bem simples uma vez que estamos acostumados com ela. Então, algumas ideias surgem. Mantemos tais ideias à mão para uma comparação com o que aparecerá mais adiante. Feito isso, dou andamento a experiências metafóricas como a poesia e o desenho livre. Contudo, o contexto de busca é o mesmo, usando apenas outros caminhos, no caso a imaginação aplicada a duas práticas distintas.

As descobertas nesta fase são impressionantes. Trabalho fortemente a metáfora em si, a criação de imagens que representem nosso papel como líder, isso em específico neste curso. É lindo ver o que surge nesta etapa e o quanto ela ganha potência com as etapas seguintes que vão explorando mais e mais as emoções, memórias, sentimentos e sensações das pessoas. Há um outro nível de percepção sobre si mesmo.

Quando nossa percepção muda, nosso mundo muda e ao fazê-lo agimos de forma diferente. Ganhamos uma imagem pessoal transformada. Gostaria muito de poder partilhar com detalhes o que cada aluno vivencia, mas infelizmente não posso por questões de privacidade, uma vez que adentramos terrenos muito pessoais. Para se ter uma ideia, e para melhor ilustrar o que quero dizer, pense nesse comparativo e aqui uso uma gentileza didática apenas para que você tenha noção de onde chegamos:

A cada segundo, nossos sentidos captam em torno de 11 milhões de bits de informação (Dado colhido no livro Subliminar de Leonard Mlodinow), contudo, conscientemente, absorvemos apenas quarenta bits. Isso mesmo, 0,00036% do que recebemos temos consciência. Isso está na nossa inteligência lógica. O resto está em nosso âmbito metafórico e somático. Ao acessar nossas emoções, por exemplo ganhamos mais informações e extraímos mais do que apenas pensar no que estamos fazendo, de fato sentimos e podemos até sentir por outros canais, como a intuição. Cada um desses termos uso aqui de forma ampla como contextos, mas você bem sabe que cada termo usado tem seu reino de domínio, que para nosso propósito não se faz essencial a exploração.

- A INTELIGÊNCIA SOMÁTICA abrange uma potência de transformação profunda. A Somatização é literalmente a Incorporação. Trata-se de colocar no corpo, em cada célula que carregamos a evolução que queremos fazer. O Aprendizado torna-se, literalmente incorporado. Um de meus professores, que citei anteriormente, Peter Levine PhD, mostra o quanto o corpo nos ajuda a realizar transformações incríveis, ao ponto de ele as utilizar no tratamento de traumas, como dito antes. Tive a oportunidade de vivenciar seu conhecimento na prática quando estive no instituto Esalen, na Califórnia.

Por isso, em nosso processo de aprendizado, aquele que propomos aos nossos clientes, considerar essas três inteligências é fundamental.

Por exemplo, na estória de Cristina, que relato mais adiante, você verá que ela "é" corajosa e curiosa. Note que estamos falando do nível de identidade, o nível que nos permite ir além da formação, nos permite ir para a Transformação, processo no qual evoluímos. Contudo, estar neste nível de identidade, SER de fato, somente se concretizará quando você SENTIR que É. Somente quando o seu corpo, ou sua inteligência somática reconhecer sua identidade é que o processo terá início no âmbito da transformação. Falarei disso logo adiante, no próximo capítulo.

Por isso, quando estiver em algum movimento de aprendizado, o que espero que já tenha se tornado uma rotina em sua vida, busque sempre estar atento(a) à conexão entre o saber, o conhecer e o sentir, com as sensações e com o fazer em última instância.

...

Parte 6
O constructo estruturante do Mindset e do Mindflow

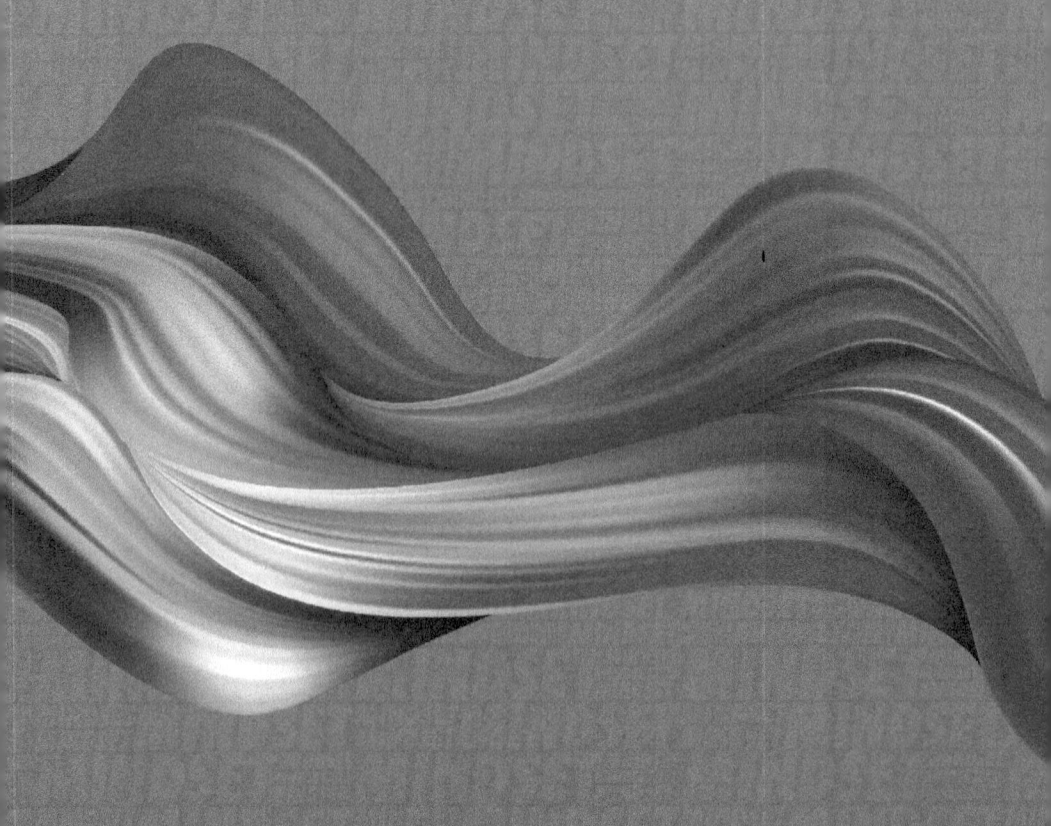

...

Níveis neurológicos

Entender a construção do mindset pelos níveis neurológicos criado por Robert Dilts é essencial para caminharmos em direção às mudanças necessárias e desejadas. Mais ainda, caminharmos em direção ao que de mais autêntico podemos oferecer a nós mesmos e ao nosso entorno.

Robert Dilts é um dos professores que tive em minha jornada e uma das mentes mais intrigantes de nosso tempo. Sua origem está na Califórnia, no contexto da década de 70, quando surgia a Programação Neurolinguística. Robert trouxe um movimento ascendente a este tema, quando imprime a ele uma visão mais sistêmica, distanciando-se um pouco de uma abordagem que muitas vezes pode soar muito mecanicista, em que a aplicação de diferentes técnicas gera resultados desejados. Muito do marketing por trás da PNL está nesta potência de entrega, um tanto ferramental. Robert carrega um nível de humanidade importante em sua abordagem, trazendo uma visão que, como ele mesmo chama de Holon, uma visão de TODO. Trata-se do entendimento profundo do quanto estamos todos conectados e de certa forma somos todo e parte de um todo.

As influências a que estamos expostos no dia a dia ajudam a formar quem somos. Da mesma forma que Robert é uma influência enorme para mim, Gregory Bateson foi para ele, principalmente no que tange a visão sistêmica, uma abordagem ampla e profunda de como os elementos e variáveis se relacionam em um sistema, em especial os sistemas complexos, nos quais estamos cada vez mais envolvidos. Porém, ele já vem trabalhando esse terreno desde a década de 70 e ao longo desses anos todos, aperfeiçoando-a.

Bateson, por sua vez tem sua base e inspiração nos trabalhos de Bertrand Russell, em Lógica e matemática. A maneira como as ideias vão se desenvolvendo ao passar de um pensador a outros pensadores altera e aprofunda nossa própria forma de pensar e entender o mundo.

De Russell vem, na teoria da Comunicação, o que se chamou de Teoria dos Tipos Lógicos, cuja teoria central diz que há uma descontinuidade entre uma classe e seus membros, sendo que a forma de definição de um para com o outro utiliza-se de um nível de abstração diferente do objeto a que a classe se refere.

Caso lhe pareça complexo ou confuso, continue comigo, pois realmente é caso que não se tenha a versão completa das teorias que deram origem à pirâmide a que me refiro aqui. Ao abordá-la com mais detalhes prometo que ficará mais claro.

Estamos falando de uma construção que teve sua origem na década de 50, com Bateson dentro de um contexto da psicologia, vindo de uma formação em antropologia que se desdobrou em trabalhos em uma seara da psique humana, no caso a raiz de comportamentos aparentemente psicóticos ou "loucos" como retrata Dilts no Livro "De Coach a Awakener."

Estamos falando de uma construção importante sobre a forma como o ser humano se relaciona com sua realidade de acordo com a forma como a interpreta. Isso, hoje damos o nome de modelo mental, lente pela qual entendemos e damos significados aos fatos que nos acontecem, sejam estas interpretações conscientes ou não.

Mas Bateson foi além e adentrou ao processo de aprendizagem. Aqui já estamos na década de 60. Essa informação coloco aqui apenas para registro do tempo e progresso da teoria relacionada aos níveis lógicos.

Em resumo, quanto a este movimento específico da aplicação dos níveis lógicos à aprendizagem segundo Bateson, pode ser aplicada assim:

- APRENDIZAGEM 0 (ZERO) na qual não há e não é mudança. São os comportamentos repetitivos, hábitos, inércia;
- APRENDIZAGEM I, na qual há uma mudança gradual ou incremental. Ainda dentro de habilidades existentes, estas podem se aperfeiçoar, mas não geram mudanças de grande escala ou transformações. É quando, de forma nítida vemos algo que já é feito, sendo feito de forma melhor apenas.
- APRENDIZAGEM II, segundo relatos de Dilts é quando há mudança rápida, descontinua. Percebe-se quando há mudança do contexto. Mantendo o exemplo de Dilts, podemos ver isso em mudanças de políticas, valores ou prioridades.
- APRENDIZAGEM III é onde acontecem as mudanças evolutivas. Percebemos isso quando a mudança se dá além do nível do contexto, até mesmo dos valores e crenças alcançando a mudança no nível de identidade de alguém ou um grupo. A Forma de olhar o contexto muda o próprio contexto em si, pela "simples" mudança de olhar.
- APRENDIZAGEM IV, em que se atribui a mudança revolucionária. Aqui é quando o novo se apresenta de forma completa, alterando a realidade de quem o experimenta, trazendo em si experiências totalmente novas, na qual a identidade está abaixo, sendo impactada pelas mudanças causadas no sistema como um todo.

Dilts, ao unir os conhecimentos de PNL e Níveis Lógicos de Bateson, construiu algo que ao seu entender poderia nos trazer uma versão mais prática de sua aplicação. É a este que iremos nos ater.

De suas inspirações, estudos e visão surgem os níveis neurológicos, o que em um primeiro momento é apresentado em um formato de pirâmide, mostrando a correlação entre um nível e outro. Conheci e aplico diversas formas de abordar o conceito dos níveis neurológicos, quando os apresento aos meus alunos e aos amigos também, pois falo deste tema quase que diariamente, às vezes até sozinho.

O que apresento a seguir é minha abordagem sobre tais níveis de acordo com o que estudei, tanto em cursos, como em aulas que dei e claro, com aulas que tive com o próprio Robert Dilts.

Entendo que a maior contribuição desta criação de Robert está em como ele ajuda a entender as correlações de diferentes aspectos da formação humana. Sua complexidade não é deixada de lado, mas simplificada para que em um primeiro momento saibamos o terreno no qual estamos pisando quando o tema é o modelo mental que carregamos nesta vida. Os estudos da Neurociência mais recentes do que os níveis neurológicos vêm acrescentar à importância deste modelo.

O Modelo Mental para olhar os níveis neurológicos

Onde reside nosso poder? Quantas vezes você parou para pensar sobre este tema? Tendemos a crer que poder é aquilo que nos faz fortes, que nos dá a potência de mando. Atribuímos poder aos recursos externos a nós mesmos. Não é coincidência que o poder é buscado pelos títulos, pelo dinheiro, pelo status, pelo cargo.

Note que este poder é um jogo de atribuições. Atribuímos a alguém que é presidente mais poder do que a um gerente. Atribuímos a quem tem mais dinheiro um poder maior do que aqueles que têm menos dinheiro. Em suma, atribuímos um poder específico a uma imagem que construímos e construíram em nossa mente. Se for assim, podemos entender que o poder está nas mãos daqueles a quem damos o poder, seja porque respeitamos, seja porque nos parece certo ou simplesmente porque temos medo do quanto a outra pessoa pode afetar o nosso entorno, nossas vidas, nossa carreira. Manda quem pode, obedece quem tem juízo! Quantas vezes você ouviu ou até mesmo citou essa frase?

Quando você se sente no poder? Quando alguém lhe vê como tal ou quando você crê que tem tal poder? Em quais contextos você tem poder e em quais não tem?

Quantas vezes a ausência da percepção de poder em um contexto leva alguém a buscar o poder em outros contextos? Um gestor em uma empresa ou um indivíduo em uma comunidade religiosa que não consegue ter voz ouvida busca em seu ambiente familiar, por exemplo, exercer um poder que sente falta para seu senso de existência. Torna-se às vezes um tirano ou tirana, pois naquele ambiente é o pai ou a mãe que pode mandar nos outros.

A PNL traz ferramentas que podem trazer a sensação de poder sobre os outros. Quantos de nós deseja o poder? Então pergunto, para qual fim? Apenas uma satisfação do ego ou para criar algo bom?

Meu convite aqui, é para pensarmos de forma prática sobre o poder e qual sua potência, qual sua razão. Perceba que o poder, da maneira como trago para você, está na capacidade de alguém causar, promover ou imprimir uma mudança. Isso mesmo, poder é mudança. Inclusive usar esta capacidade para mudar um contexto de forma que evite sua mudança. É o exercício clássico do poder com o intuito de mantê-lo. É quando um chefe nota este poder em um funcionário e usa seus recursos para evitar que ele consiga as mudanças que seu poder pode proporcionar.

O poder pelo poder pode parecer uma luta de forças e em certa medida é isso mesmo o que acontece. As formas pelas quais isso se dá vão evoluindo com o tempo. Antes era a força das armas, depois do status, depois do dinheiro, depois da informação, depois das técnicas de influência e manipulação das redes sociais. Os formadores de opinião são pessoas poderosas, pois com o que falam mudam como outros veem a vida. Mudam a opinião de outras pessoas em direção a um destino específico, desejado por aquele que tem tal poder.

Atualmente estamos vendo o poder das máquinas, da inteligência artificial, dos algoritmos, que influenciam inclusive como as pessoas constroem sua opinião, que de certa forma não é sua e sim de outro, a qual passam a replicar e pior, transformar em ação, como num voto, por exemplo.

Contudo, minha tese aqui é que todos temos poder e com isso creio que você concorda. Talvez o que você possa pensar é que não se tem o poder desejado ou necessário para causar a mudança que você quer. Talvez porque seu cargo não permita, você prefira manter a harmonia onde estiver e assim por diante.

Mas para que o poder desejado? Qual a mudança que você quer ver acontecendo?

Nesta minha defesa aponto para o poder, que entendo ser dos mais poderosos de todos: o poder de mudar a si mesmo.

Já ouvimos a frase: "Seja a mudança que você quer ver no mundo." E por muito tempo reflito sobre o significado desta afirmação. Pelos níveis neurológicos pretendo construir um entendimento de como essa mudança em si mesmo pode ser efetiva e transformadora. Não apenas no âmbito de mudar a si mesmo, mas ao fazê-lo mudar o seu entorno. Em última instância a sociedade como um todo.

Os níveis neurológicos

Segundo Dilts, existem seis níveis. Cada um, de cima para baixo tem o poder de influenciar os níveis logo abaixo, como em uma cascata. São eles:

ESPIRITUALIDADE
IDENTIDADE
VALORES E CRENÇAS
HABILIDADES/CAPACIDADES
COMPORTAMENTO
AMBIENTE.

Para nos ajudar, Dilts sugere algumas perguntas ou afirmações em cada nível.

ESPIRITUALIDADE >> *O Sistema, nós, visão.*
IDENTIDADE >> *O eu, missão.*
VALORES E CRENÇAS >> *O Porquê.*
HABILIDADES/CAPACIDADES >> *O Como.*
COMPORTAMENTO >> *O "o quê".*
AMBIENTE >> *O onde e quando.*

Uma referência que podemos lançar mão é a da fala de Einstein quando afirma que um problema não pode ser resolvido no mesmo nível em que foi criado. Se olharmos para esta fala, não fica tão claro em um primeiro momento, de forma prática, como isso se aplica. Mas se olharmos pelo prisma dos níveis neurológicos, talvez fique mais simples.

Se temos um problema criado no nível de ambiente, considerando aqui seu clima e suas características físicas — vamos dizer um clima tenso e um local cinzento, apertado de difícil acesso — podemos considerar que uma forma de resolver é com o nível do comportamento. Isto é, o que faremos aqui para melhorar? Parece simples e intuitivo. Mas vamos um pouco mais fundo.

Podemos pensar então que o ambiente será melhor se colocarmos ping-pong, escorredores, cores. Afinal esse é um "o que" que podemos fazer.

Contudo, mesmo fazendo isso, talvez o ambiente não mude, a não ser fisicamente, mas as pessoas continuam se comportando como antes, mantendo o ambiente tenso, por exemplo.

Então subimos mais um nível. Como podemos fazer essas mudanças? Talvez mudar as pessoas de lugar, as mesas, usando estratégias de jornada interna na qual mudamos a forma como as pessoas entram na empresa, caminhos, exigindo que elas mudem, por força do novo ambiente, a forma como se comportam lá dentro. Derrubamos paredes, abrimos janelas, colocamos banheiros em locais comuns para que as pessoas possam interagir mais. Talvez este tipo de mudança possa gerar resultados importantes, pois exigem uma mudança de comportamento dadas as características do local. Mas, podemos ter o caso que nada mude ou mude somente um pouco, insuficiente para alterar o clima da companhia.

Subimos mais uma vez nos níveis e chegamos ao ponto de nos perguntar, por que o clima está tenso? Neste nível mais elevado somos convidados a rever as crenças e os valores que regem aquele ambiente. Podemos encontrar fatores que justifiquem um comportamento que gera tensão, como por exemplo conversas escondidas, comunicação pouco efetiva, benefícios distorcidos, valores conflitantes como corrupção dentre outros. Neste ponto, a mudança já se torna mais complexa exigindo uma revisão de fatores íntimos das pessoas e da própria companhia. Mas vamos considerar que existe esse desejo, então a direção da companhia resolve explicitar novos valores, dizendo que agora trabalham com transparência, honestidade, senso de urgência, família e, depois de um tempo, vemos que na verdade o clima até piorou. Como assim? Pois provavelmente aqueles que fizeram o anúncio não colocaram em suas práticas os exemplos do que foi dito

Somos então convidados a subir mais um nível e chegamos ao da identidade, do quem sou eu. Em se tratando de uma empresa, para manter a linha do exemplo, a pergunta é "Quem sou eu" (empresa) se sustenta nos valores e crenças que prometemos ou apenas prometemos tais valores e crenças, pois era o que parecia correto para nosso público, mas desrespeitando quem somos na verdade? Qual o nosso senso de missão aqui? Qual metáfora define esta companhia? Uma máquina, um relógio, uma família, um organismo vivo. Não há certo e errado, apenas o que é mais adequado para o contexto, para o mercado no qual a empresa está inserida.

Mas de onde vem o senso de missão? De uma visão. A Missão conecta o hoje com o cenário construído pela visão. A visão está no nível espiritual, que no caso significa o nível que transcende o "eu", que inclui o nós. Trata-se do efeito daquilo que fazemos em um contexto amplo, no qual todos os envolvidos são considerados.

Perceba que uma vez que sua visão determina qual mundo está criando, a missão é o como você vai fazer isso.

Nos níveis neurológicos, a construção do Mindset e, claro, do Mindlfow, dá-se nos três níveis superiores: Espiritual, Identidade, Crenças e Valores. Esse conjunto forma justamente a forma com que lidamos com a vida. Isso é um fato a que todos nós estamos sujeitos. A grande diferença é o quanto estamos conscientes disso. Você já experimentou redigir sobre a visão que você tem? E qual a imagem ou imagens que você tem de você? Quais crenças e valores você carrega? Faremos essa exploração mais adiante.

Por agora vamos navegar em uma história real que poderá melhor ilustrar o trânsito dentro dos níveis neurológicos.

Um exemplo a que fui exposto

A história que conto agora ilustra a força dos modelos mentais, além de mostrar que para nos desenvolvermos não basta aprendermos técnicas e métodos (sementes), temos que ter o nosso Mindset preparado (terreno).

Numa tarde estava conversando com um amigo e começamos a falar sobre modelos mentais, sua construção, enfim aquelas conversas que se ficarem somente no campo teórico ficam muito chato. Partimos então para um processo de exploração e chegamos a um levantamento importante. Falávamos da Cristina, uma companheira de trabalho desse amigo.

Cristina foi considerada a melhor vendedora da empresa e depois do que aconteceu você verá que realmente ela é. Foi assim: Cristina estava em um jantar de comemoração com o diretor da empresa e outros funcionários para que em tal encontro pudessem formalmente reconhecer o valor dessa super vendedora. Contudo, ninguém esperava ver o que aconteceu. Imagine você, convidado(a) para receber uma premiação como melhor vendedora da empresa. Um momento delicado, onde na grande maioria das vezes nos sentimos muito bem, empoderados, mas também com uma carga de responsabilidade enorme, afinal você levantou a barra lá pra cima. Natural que você procure se comportar, neste contexto, de forma mais controlada, mais atento a possíveis gafes, ainda mais com o líder mais alto da empresa logo ali, na sua frente.

Contudo, você entenderá depois porque Cristina simplesmente manteve seu curso natural: ela vendeu. Sim, ela, na noite da premiação, vendeu mais um pedido e pra quem? Para seu diretor!!! Como assim? O diretor vai lá premiar a vendedora e ela consegue vender um serviço da própria empresa para o número um da empresa? Como isso é possível? É o que vamos explorar agora.

Como vimos nos níveis neurológicos, a clareza e a potência da Identidade de alguém determina sua forma de agir, bem como a potência desta ação.

Na exploração que fizemos para entender como os níveis neurológicos se comportavam na cabeça da Cristina, nos deparamos com o seguinte:

>IDENTIDADE: *Sou Curiosa e Corajosa.*
>
>CRENÇAS E VALORES: *Todos têm Brechas. Isso, na cabeça dela, quer dizer que não importa quem seja, qualquer pessoa tem alguma abertura que justifique comprar o que ela vende (no caso seguro de vida).*
>
>HABILIDADE: *Para conseguir colocar em prática sua crença Cristina consciente ou inconscientemente aprendeu a fazer boas perguntas, pois estas lhe permitiam encontrar aquelas brechas. Mas lembre-se, como ela acreditava que todos, sem exceção têm brechas, ela explorava até encontrar.*
>
>COMPORTAMENTO: *Faz perguntas.*
>
>AMBIENTE: *Em um restaurante, durante um jantar de comemoração.*

Essa estória nos ajuda a ilustrar muito de como vemos o nosso desenvolvimento. Pensamos naturalmente que se queremos realizar alguma coisa, basta aprender técnicas, receitas, passo a passo, fórmulas. Em muitos casos, isso pode funcionar, se respeitada a relação terreno x semente (se não leu ainda, veja esta seção no livro). Contudo, a verdade está no fato de que em grande parte das vezes o terreno não está preparado.

Quero retomar o caso da Cristina e pensar com o olhar acima descrito. O comum para ter o resultado dela seria então pensar pelo comportamento que ela teve, ou a suposta habilidade que ela demonstra, que no caso é saber fazer boas perguntas, ou podemos dizer, Perguntas Poderosas. Porém, considerar apenas isso deixa de lado todo um contexto. Imagine que você queira ter o mesmo resultado da Cristina e por isso decide fazer um curso de vendas com ênfase em negociação e perguntas poderosas.

Pronto, você como um bom (boa) aluno (a) está craque em todas as técnicas que suportam um bom processo de exploração.

Agora imagine que você está na situação da Cristina. Para fazer esta situação mais real, pense no seu chefe, sócio, alguém que lhe é importante no contexto profissional e que tem poder sobre você, inclusive de lhe fazer perder o emprego. Você está lá, cara a cara, recebendo seu prêmio, tudo indo perfeito e então você se lembra das técnicas, quando de repente aquele friozinho bate na barriga e alguns pensamentos invadem sua cabeça: "Nossa, está tudo tão bom, não vou incomodar agora, deixa que em uma outra situação eu pergunto, afinal já sou o (a) melhor mesmo, para que arriscar arruinar tudo agora?" ou ainda "Poxa, se eu sair perguntando querendo vender alguma coisa, o que vai pensar de mim, claro que vai me dizer que conhece muito bem o produto de nossa empresa.." Bom, aquele friozinho na barriga vem acompanhado das mais diversas e inusitadas desculpas, mas lembre-se que agora você sabe fazer perguntas poderosas e ainda por cima, treinou muito e muito, mas na hora "h" não deu certo. Por quê?

Algo que está faltando nessa equação é justamente o conjunto que constrói o mindset adequado, falta o sistema de

Espiritualidade, Identidade, Crenças e Valores. Sem se ver como corajoso (a), curioso (a) (e sentir-se como tal) e sem acreditar que TODOS sem exceção têm brechas, vai lhe faltar o contexto que lhe permita colocar suas habilidades em prática. Seu modelo mental lhe impede de ir adiante.

Recordo-me de um amigo de longa data, pessoa de altíssimo calibre intelectual, com Mestrado no Exterior e tudo o mais, que pelo currículo você diria "Uau!!!!!", o curioso desse amigo é que mesmo com todo esse repertório ele não conseguia conversar e elaborar suas ideias se seu interlocutor fosse alguém, que na visão dele, fosse de alto nível, como um Vice-presidente ou CEO de empresa. O fato fica ainda mais curioso, quando uma certa vez em um evento, estava ele conversando com uma pessoa por um longo tempo, dando uma verdadeira aula, elocubrando ideias encantadoras de como entender o comportamento dos consumidores. O assunto é de largo interesse de grandes diretores, tanto que aquele ouvinte paciente ficou interessado em saber mais e sacou de seu bolso seu cartão de visita.

Esse meu amigo diz que, ao pegar o cartão e ler o cargo, foi como se o tempo tivesse parado, congelado, tornara-se suspenso no ar e que aliás lhe fugiu dos pulmões. Ele descobriu que seu interlocutor era um CEO, e ali a conversa teve um fim, pois de acordo com sua crença, componente essencial de seu modelo mental, ele não poderia estar falando com alguém daquele "calibre", por mais que já tenha feito e encantado. Também já passei por isso, confesso.

Mais adiante vamos explorar como olhar para os níveis neurológicos que você carrega e como buscar fazer uma mudança em sentido ao mindflow.

> "E, AJUNTANDO-SE UMA GRANDE MULTIDÃO, E VINDO DE TODAS AS CIDADES TER COM ELE, DISSE POR PARÁBOLA: UM SEMEADOR SAIU A SEMEAR A SUA SEMENTE E, QUANDO SEMEAVA, CAIU ALGUMA JUNTO DO CAMINHO, E FOI PISADA, E AS AVES DO CÉU A COMERAM; E OUTRA

caiu sobre pedras e, nascida, secou-se, pois que não tinha umidade; E outra caiu entre espinhos e crescendo com ela os espinhos, a sufocaram; E outra caiu em boa terra, e, nascida, produziu fruto, a cento por um. Dizendo ele estas coisas, clamava: Quem tem ouvidos para ouvir, ouça."

Lucas 8: 4-8

A mente e o corpo, um sistema único

Pois bem! Como talvez você tenha notado no capitulo em que abordo os níveis neurológicos de Robert Dilts, os únicos níveis visíveis são o do comportamento e do ambiente.

Dessa forma, nosso sistema de crenças, valores e identidade reflete naquilo que fazemos, nas ações que executamos. Esse é o caminho do cascateamento sugerido por Dilts.

O que quero compartilhar com você neste capítulo diz respeito à utilização do nosso corpo para entender nosso modelo mental. Como se fizéssemos um raio X de nossa existência no sentido de entender as razões pelas quais estamos fazendo o que fazemos.

Para melhor ilustrar do que se trata "tal raio X" retomo aquela imersão que fiz em Esalen, com Peter Levine, PhD, no qual pude ouvir o meu corpo com mais atenção. Para fazer isso, Peter nos conduziu através de algumas técnicas que buscam estabelecer uma conexão entre mente e corpo, de forma que fique mais consciente. Um dos exercícios que fizemos é chamado simplesmente de "apoio". Tecnicamente trata-se de um exercício simples, mas poderoso.

O objetivo dessa técnica é criar uma percepção de segurança para a pessoa, de apoio mesmo, de forma, que ao navegar em sua existência, no caso dos traumas, pudesse existir uma confiança no processo, na pessoa que lá estava ajudando e em si mesmo.

Éramos em cinco em cada grupo. O Objetivo era que um de nós, de pé, indicasse aos colegas em que lugar de nosso corpo gostaríamos que fosse apoiado. Neste caso, apoiar significa colocar a mão sobre a região do corpo que a pessoa indica, cabeça, costas, pernas, pés. Pode ser feito diretamente, ou com um aparato que evite um toque direto, dependendo da pessoa, da intimidade, da cultura. O importante é a pessoa sentir que está "segura" fisicamente.

Um a um, mão a mão, a pessoa indica onde ser apoiada. Um passo de cada vez. A cada toque criado, a pessoa percebe o que acontece no corpo. Quais sensações aparecem. Quais sentimentos e imagens. Ao notar isso, o que acontece? Muda, aumenta, diminui, fica do que jeito que está? O próximo passo é indicar onde se sente a necessidade de mais um suporte. E assim pouco a pouco a pessoa vai recebendo o suporte do grupo. É impressionante como ao sentirmos o apoio físico de alguém, um abraço é um exemplo nas relações do dia a dia, ganhamos também uma segurança mental, a percepção de que estamos a salvo.

O processo termina assim que a pessoa se sente segura como um todo. Essa indicação pode vir de diversas formas: uma tranquilidade, um suspiro, uma lágrima. Reações mais explicitas podem surgir, mas a sutileza do processo é importante, pois se trata de como a pessoa realmente se sente.

Embora não tenha entrado em tantos detalhes sobre esse exercício, partilhei a experiência para que você possa perceber o quanto a ligação que temos com nosso corpo é grande e aquilo que sentimos, as sensações que temos, as imagens que recebemos das experiências, imagens essas criadas em nossa mente, tudo conversa com a gente.

Nosso modelo mental, a forma como vemos a vida, reflete-se em nosso corpo e precisamos então estar atentos a isso.

> "Você nunca muda as coisas lutando contra a realidade existente. Para mudar alguma coisa, crie um novo modelo que faça o existente obsoleto."
>
> *Buckminster Fuller*

...
De baixo pra cima

O efeito cascata nos níveis neurológicos aplica-se de forma constante. Quando há uma mudança lá em cima, mudamos o que há aqui embaixo.

Contudo, mudanças nos níveis básicos, ambiente e comportamento, podem ter a força de nos transformar também.

Vamos usar nosso contexto atual. Pense nas tecnologias que há poucos anos foram introduzidas em nossas vidas. Meus filhos nasceram em um ambiente Smartphone, mas eu não, nem meus pais , e mesmo para nós a força desta presença tecnológica é tão grande, que é quase inconcebível pensar em um mundo sem esses aparelhos.

O quanto isso mudou nossa rotina? Quais novas habilidades precisamos aprender? Quais crenças mudaram? Qual percepção de mundo mudou? Pense no tempo. Como ele mudou para você? Como anda sua paciência com a pessoa que não reponde sua mensagem em pouco tempo? Somente a percepção de mudança no tempo altera em muitos casos nossa percepção de identidade. Ao não receber repostas, por exemplo, dentro do tempo desejado, podemos nos considerar uma pessoa sem importância, menos merecedora. Ou ainda, podemos pensar que o outro é desleixado, ruim, incoerente ou frio.

Tudo vai se encadeando de uma forma que muitas vezes chega a ser doentia.

Com a tecnologia podemos pensar que tudo deve ser imediato e esquecemos as lições da natureza que nos diz que cada coisa tem seu tempo. Podemos nos sentir donos do tempo e assim nosso corpo reage, com ansiedade, angústias, stress.

Como você está reagindo a tudo isso? O que está mudando em sua vida por conta das tecnologias? Calma, não se trata de tudo ser ruim, claro que não. A pergunta é, o quanto as mudanças que você está vivendo fazem de você alguém melhor?

Perceba o movimento cíclico. Como se girando as mudanças no ambiente em que estamos force um novo comportamento que pede uma nova habilidade e afeta nossa experiência de mundo, atingindo nossa percepção de "eu" e nossa visão de mundo. Da mesma forma, ao mudarmos essa visão de mundo e nosso papel nele, exigimos novas habilidades para transformar nosso papel em ação e assim alteramos o ambiente.

A falta de consciência sobre o que está acontecendo nos empurra para a mudança e, como seres hábeis que somos, conseguimos nos adaptar. Somos incríveis nesta capacidade, mas a que custo? Muitas vezes ao custo de nos tornarmos o que os outros querem e não quem devemos ser. Podemos perder a capacidade de ouvir a vida que quer ser vivida através de nós, mas nos adaptamos e muitas vezes lutamos com o que nos tornamos.

Qual sua visão de mundo neste exato momento? Veja o quanto está alinhado com os papéis que você representa no seu dia a dia. Você tem uma visão de mundo que é sua ou que colocaram na sua cabeça? Dinheiro, status e poder são atributos que de fato você quer para realizar o que você deseja ou apenas a forma como as propagandas e as redes sociais dizem que deve ser? Papo de Hippie? Se você acha isso, então pode ser para você. Mas, qualquer que seja sua interpretação, ela lhe ajuda a evoluir ou lhe mantém onde você está? Cada significado que você atribui ao que lhe acontece define como você reage ao que lhe acontece. O que você gostaria de criar?

...

Parte 7
E se não temos consciência de nosso Mindset? E então?

...

Você deixa o seu mindflow na porta antes de entrar na empresa

Poderia ser uma pergunta, mas o enunciado acima afirma uma realidade: deixamos parte de quem somos do lado de fora da empresa. Pelo menos é o que podemos achar.

Certamente a empresa pensa que você só traz para o trabalho aquilo que interessa para o cargo que você ocupa. Contudo, você sabe que isso é uma ilusão. Talvez você concorde comigo que na verdade suas emoções, suas dúvidas, seus problemas pessoais lhe acompanham onde for. Quando você está na empresa, talvez até tente abafar essa parte que lhe pertence. Não importa se é uma situação tida como ruim ou causadora de sofrimento, ela é parte de algo maior: você!

Porém, as empresas querem que, enquanto está trabalhando, você dê 100%, mas, como se pode dar 100% se uma boa parte você está abafando? Seria 100% somente a parte que você levou para seu trabalho? Como podemos colocar nosso melhor se justamente esse melhor fica do lado de fora? Nosso melhor não está nas nossas habilidades ou no nosso intelecto e sim naquilo que somos. Geralmente o que deixamos de fora são as questões do coração e com isso deixamos nosso "core", nossa essência do lado que menos interessa à empresa: o lado de fora.

Em suma, nosso mindflow é a capacidade de sermos autênticos, integrais. Estamos acostumados a viver fracionados, cumprindo papéis, o que é natural, mas deixarmos de lado nossa essência por conta de um papel é nos quebrarmos. Aquele executivo que é durão, ríspido, desrespeitoso, corrupto e frio em seu papel profissional, mas um pai ou mãe dedicado, amoroso, respeitoso. Não se trata de adaptar-se às circunstâncias para esconder seus medos, ânsias, dúvidas e desejos. Perceba que mesmo nesse simples exemplo que talvez você já tenha ouvido antes, há uma separação, um deixar de fora, pois existe um mindset corporativo composto por valores e crenças que não acolhem a pessoa como um todo. Certamente há ainda deturpações de significado, como do que é poder e realização.

Líder autêntico

> "Quando definimos para nossa vida metas desconectadas da nossa individualidade mais profunda e quando vestimos os rostos de outras pessoas, não permanecemos na potência do nosso ser."
>
> *Frederic Laloux*, Reinventando as Organizações.

As palavras de Laloux traduzem com uma simplicidade e profundidade a essência, não somente do Líder Autêntico, mas a característica do ser humano elevado.

Nesse contexto podemos resgatar as palavras ou o pensamento mais profundo do filósofo Spinosa, um Holandês que tinha tudo para ter sido um português, pois foi filho de portugueses que, fugidos, estavam na Holanda na época do nascimento desse grande pensador.

Imagine seu dia a dia como uma montanha russa. Recheado de altos e baixos, cada dia traz circunstâncias que nos levam pra cima, que nos jogam para o alto, que nos fazem sentir como em plena ascendência. São momentos felizes, em que nosso melhor parece fluir.

Porém, na montanha russa temos as descidas, que na velocidade do mundo atual, muitas vezes são repentinas, viram para lá, para cá, descem assustadoramente veloz e nos roubam a potência de agir. A isso podemos chamar de momentos de tristeza, em que nitidamente nos sentimos sem energia.

Assim como na montanha russa, se você tiver muito mais quedas do que subidas, o que acontece? Perceba que a lógica da montanha russa exibe um aprendizado poderoso. Revela um movimento físico importante que podemos colocar em nossas vidas. Momentos de baixa são inevitáveis devido a uma outra característica natural: há ciclos. Momentos de plantar, momentos de regar, momentos de colher e saborear. Momentos de geada, de sol e chuva. Então teremos sempre quedas, descidas leves e brutas. Mas se apenas tivermos esses momentos perderemos a energia necessária para subir a próxima etapa desta montanha russa chamada vida. Trata-se de um balanço importante enquanto seres que se movimentam neste contexto mutável.

A Mudança de rota é inevitável, mas podemos fazê-la para as laterais, dando giros espetaculares, mas se apenas adentramos essas mudanças em movimentos de baixa, perceba o quanto a energia vai indo embora. Porém, note que a queda gera energia para você voltar pra cima, assim como o arco e flecha que precisa de um tensionamento para trás para lançar potentemente a flecha para frente.

Outra coisa a que é preciso chamarmos atenção é o fato de que se a queda for muito funda, ao tentar subir, ela te levará somente para o ponto equivalente à sua média entre o ponto de onde você caiu, o vale que você entrou e o ponto de subida.

Pense assim: Em uma escala de 0 a 10 você sai de um ponto 8 de altura e começa a cair. Se você atingir o ponto 0 e começar a subir você irá para o ponto 8 do outro lado, mas se você vai abaixo do ponto 0, vamos dizer -2, você somente subirá ao ponto 6, retornando a um ponto mais baixo do que o de saída e se o próximo pico for 8 você não o alcança.

Infelizmente, muitas vezes passamos do ponto 0 e assim perdemos a potência de retorno ao ponto inicial ou acima dele. Aqui entra a ajuda alheia, a ajuda dos outros, que pode se traduzir em diversas formas: amigos, terapeutas, família, coach, mentores, orientadores espirituais dentre outros.

Mas o que define esses altos e baixos? Um aspecto é o fato em si o outro a maneira como se significa o fato. O fato em si em seus atributos.

Peguemos por exemplo uma demissão não esperada. O fato em si diz para você que aquele emprego não é mais seu, que aquele salário não é mais seu, que os benefícios daquele cargo não são mais seus, que a vida daquele jeito não é mais sua. Se você entende que aquele emprego, aquele cargo e aqueles benefícios e salário são você e não apenas um momento de quem você é, talvez você atribua um significado malicioso para a demissão.

Certamente, em muitos casos, ser demitido traz dor, frustração, ansiedade. Não podemos negar que isso pode vir com o fato na forma de sentimentos e sensações que você experimenta. Contudo, sofrer sobre isso é uma outra história. Sabe-se que pensamentos milenares sugerem que o sofrimento é uma escolha. Trata-se da escolha, geralmente inconsciente de remoer e potencializar aqueles sentimentos, aquela dor. O fato é o fato e o sofrimento uma escolha.

Se decidimos atribuir ao fato um significado de momento, algo que não altera quem você é pode ser que você desça somente ao ponto 0 ou ainda a um ponto acima, digamos 1 ou 3. Note que na segunda opção, embora tenhamos uma queda em nossa potência de agir ainda teremos energia suficiente para subir e subir mais alto se comparado ao nosso ponto de partida. É quando uma tragédia nos ajuda a evoluir.

Em meio ao seu dia a dia, no emprego, no trabalho, no ato de empreender, essa capacidade de encontrar sua autenticidade gera uma potência até mesmo invejável. Pois seu poder de recuperar o estado anterior de forma melhorada torna-se uma realidade. Do contrário ficam nítidos os efeitos danosos em nossas vidas e para aqueles que nos cercam.

O desequilíbrio sobre a relação fato e significado, isso é o quanto será a nossa queda, afetam uma habilidade crucial para a boa conduta em meio a sociedade e claro, nas empresas. Nossa habilidade de tomar decisões.

Podemos pensar que temos uma capacidade incrível para tomar decisões com base nos dados, nos fatos e nas informações que temos em mãos. Porém, tudo isso está sujeito à leitura que fazemos deles.

Ao descermos abaixo do nível 0 nossas emoções são profundamente afetadas e como emoção é uma reação de nosso corpo, se ela atingir um nível muito alto de resposta negativa (o negativo aqui é o significado atribuído) para o que estamos experimentando perdermos nossa capacidade analítica e com essa perda distorcemos nossa capacidade de tomar decisão.

Esse fato é fácil de ser visto no trânsito, por exemplo, que serve como um microcosmos do que estou aqui buscando explicar. Quantas pessoas "saem de si" no trânsito, agindo de forma reativa e puramente emocional com um simples sinal fechado ou alguém que entra abruptamente à frente e com isso a buzina de seu carro ronca alto gerando talvez uma resposta pior no outro motorista que pode então reagir de forma emocional contra você carregando ainda mais sua própria resposta criando um ciclo perigoso que algumas vezes leva a brigas e até mesmo mortes, por um simples "fechar o carro de alguém."

Quando estamos conscientes de nós mesmos, sabedores de nosso mais autêntico ser, conhecemos nossas reações mais comuns e perigosas, bem como as positivas. Quando um fato ocorre e sua emoção vem à tona, você sabe como se conduzir, dando um novo significado e atuando de forma a fazer de você alguém ainda mais autêntico, vendo em cada momento uma oportunidade de evolução, de desenvolvimento pessoal.

O Tema da inteligência emocional (I.E.) tem muito a falar desse assunto que brevemente descrevi aqui. Até mesmo por isso este tema tem sido cada vez mais comum nas empresas, principalmente.

Segundo Daniel Goleman, PhD autor do seminal livro "Inteligência Emocional", nosso QI contribui apenas com 20% para o sucesso na vida deixando para a I.E. 80% desta contribuição. Lembra-se da experiência somática? Nossas emoções, literalmente estão em nosso corpo e regidas pelas partes mais antigas de nosso cérebro e por isso mais potentes no domínio de nossas ações.

Conquistar o Mindflow também passa pela habilidade de entender em que direções nossas emoções estão nos levando. A cada passo que nos tornamos mais conscientes destas emoções melhor saberemos como lidar com elas. Importante salientar, contudo, que ter Inteligência Emocional não significa que eliminaremos as emoções. Isto é impossível, pois elas acontecem antes que nossa capacidade racional, usando aqui uma gentileza didática para me referir ao Neocórtex, tenha condições de percebê-las. Mas é nesta região de nosso cérebro que encontramos o caminho para cuidar das emoções e por isso podemos somente fazer a gestão delas, isso é, ao percebermos a existência das emoções e os gatilhos que as geram, podemos diminuir sua intensidade e duração, mas jamais suprimi-las.

Mas então, qual a relação entre I.E., autenticidade e mindflow?

O Mindflow sendo o ecossistema no qual você consegue compreender seus mindsets e suas relações com o contexto, a autenticidade representando sua consciência sobre sua visão de mundo, sua forma de agir e suas razões para agir, a Inteligência Emocional entra como uma peça chave que lhe dá habilidades de lidar com aquilo que é inato em seu corpo, suas emoções. Sobre este ponto das emoções importante salientar que elas acontecem com base em registros na sua história, experiências que foram gravadas em você e registros de longuíssima data, como aqueles experimentados por nossos ancestrais mais distantes que enfrentavam perigos diários de vida ou morte, como um tigre dente de sabre, por exemplo. Estou falando aqui da conhecida reação "Luta, Fuga ou Congelamento" regido pela nossa amígdala (não aquela da garganta, mas a do cérebro).

Conhecer os seus mindsets, suas reações emocionais e sua autenticidade aumenta o nível de consciência sobre sua vida. Isso é Mindflow.

Em suma fica assim:

- Conhecer os seus mindsets é então a explicitação à sua consciência de estruturas utilizadas para se relacionar com a vida.

- Conhecer suas emoções lhe dá a habilidade de amenizar os impactos negativos de suas emoções e também utilizá-las em seu favor, inclusive na relação com as outras pessoas.

- Sua autenticidade lhe dá conhecimento sobre sua essência e assim o senso de verdade para consigo mesmo.

O Mindflow lhe sugere esta construção de forma a representar o melhor que você pode ser. Note que sempre estaremos sujeitos aos nossos modelos mentais, pois eles é que definem como vemos a vida. A proposta aqui é exatamente mudar tal modelo mental e assim mudar nossa visão.

Ao assumir a sua autenticidade assume-se também a responsabilidade de ser quem se verdadeiramente é. Cada momento que você observar conscientemente torna-se uma oportunidade de expressar e amadurecer quem se é. Não acredito que somos o que somos hoje e ponto final. Somos o que somos em essência e vamos nos descobrindo e evoluindo ao longo da vida. Ser o nosso eu final será somente quando o final chegar, pelo menos para o corpo. Se você acreditar que tem algo além do corpo e a jornada continua, então ela continua, em outro nível, certamente.

C.E.I.

O tripé que sustenta o Líder Autêntico

Por volta de 2016 eu e mais 4 amigos nos reunimos com o desejo de criar um programa, um curso para líderes. Nos dedicamos bastante, criamos todo o programa que durava pouco mais de três dias, em meio a natureza. Queríamos que as pessoas tivessem condições de entender sua capacidade de liderança a partir delas mesmas.

Pudemos ver transformações importantes em algumas vidas que lá tocamos.

Da construção deste programa surgiu o acrônimo C.E.I, que significa:

Contexto

Estado de Presença

Identidade

Na construção do entendimento destes pilares para a Liderança Autêntica, e porque não dizer da "pessoa" autêntica, o que buscávamos era uma forma de simplificar ou traduzir os elementos essenciais para que tivéssemos a capacidade de nos tornarmos líderes mais presentes, mais eficazes, mais autênticos.

O que isso tem a ver com o Modelo Mental? Talvez você já tenha notado que o tema do Modelo Mental, embora simples de ser traduzido, "A forma como você vê o mundo", é na verdade um tema muito complexo. Afinal, a forma como vejo o mundo é a forma como eu sou, a forma que escolho ser a cada momento. Sendo que essa escolha não necessariamente acontece de forma consciente, só que ainda assim estamos tomando decisões o tempo todo e escolhendo nosso caminho.

Uma pequena pausa para que você possa olhar o seu celular! Mas faça o seguinte antes de cair na tentação de um mergulho no mundo digital: Observe as características do seu Feed nas redes sociais. Procure ver um padrão de mensagem, isso é o assunto que lhe aparece, a fonte, o tom. Muito provável que você está sendo inundado de conteúdo pasteurizado para você. A mesma coisa de formas diferentes, mas pouca coisa diferente. Seu feed é exclusivamente seu e diferente do feed do seu amigo, da sua esposa ou esposo. Nossos interesses são atendidos pelos algoritmos que vasculham e observam nossa vida online o tempo todo. Contudo, sabemos de fato o que queremos? Temos clareza daquilo que precisamos consumir de informação e inspiração para que possamos alcançar o que almejamos? Deixo esse questionamento para você refletir, voltar nas suas redes sociais e analisar se aquilo que você vê todos os dias é como recurso para sua jornada pessoal ou lhe deixa adormecido, como se estivesse tomando doses gigantescas de um calmante ou de um anestésico. A vida segue, do jeito que você permite ela seguir. Ou será que você que segue a vida?

Olhe agora seu feed!

Como foi? O que você percebeu sobre o feed de suas redes sociais? Pois bem, isso tudo que você está consumindo, redes sociais, livros, amigos, chefes, pares, liderados, tudo que você ouve tem um peso de influência para você. Mas não tudo. Viu como é complexo? Por que nem tudo me influencia e tudo me influencia?

Essencialmente você está dando mais atenção ao que lhe interessa deixando de lado aquilo que poderia ser um ativo em sua vida, algo que poderia lhe dar recursos para mudar de forma significativa. Nosso modelo mental está escolhendo a nossa atenção. Olha que maluco: escolhendo nossa atenção. Onde colocamos nosso olhar, nossa energia e nosso foco as nossas ações acontecem. Mas não é necessariamente é o que precisamos. No caso das redes sociais, os algoritmos não estão querendo saber o que é bom para você e sim aquilo que você quer, aquilo que deixa sua pessoa satisfeita de alguma forma. Ao tornar você satisfeito, fica mais fácil de lhe vender alguma coisa. Não apenas produtos e serviços, mas fica mais fácil de lhe vender ideias, posições, opiniões. Já reparou que temos mais opiniões sobre opiniões do que sobre fatos em si?

Entendo que não se trata de um caminho simples ou fácil retomar as rédeas de nossa existência. Somos reféns de nossos impulsos, de nossas químicas, dopamina, serotonina, cortisol, adrenalina. Somos um balaio de química e física. Mas essas químicas podem estar a nosso serviço se assim desejarmos. Porém precisamos lembrar que apenas o desejo não é suficiente, deve existir algo mais potente do que ele, algo que vá além da química para que possamos dominar de certa forma este organismo inteligente que busca a todo momento a nossa sobrevivência.

Olha que coisa interessante: Nosso corpo, toda nossa maravilhosa estrutura orgânica, busca a sobrevivência, isto é, busca viver o melhor possível, da forma mais segura e com o menor consumo de energia possível. Para isso, nosso cérebro, como talvez já saiba, busca realizar suas tarefas de forma a ser absolutamente efetivo no uso dos recursos energéticos que carregamos. Para nos manter vivos e saudáveis da melhor forma possível, o cérebro vai encontrar meios para que o corpo e ele mesmo funcionem de forma a consumir calorias de maneira otimizada. Isso, contudo, não significa que você está usando sua energia de forma construtiva. Seu corpo não quer construir, ele quer sobreviver. Somos seres capazes de pensar, sonhar, imaginar, idealizar e nisso vem nosso querer ser mais, nosso querer atingir algo que seja mais do que sobreviver. Queremos viver, ou quem sabe, "transviver", ou seja, irmos além do mero existir. Queremos significado para nossas vidas.

Aqui está um belo paradoxo. De um lado o corpo quer sobreviver e de outro nossa alma quer ir além do viver, quer algo mais. E esse paradoxo não se trata de uma luta entre duas partes e sim um convite para a construção de uma aliança entre nosso organismo operacional e nossa vontade de existir significativamente.

Aqui entra o modelo mental, ou melhor, aqui entra o convite para conhecermos nosso modelo mental e mudá-lo.

Mas como isso pode acontecer?

O C.E.I. entendo que é um caminho, ou parte do caminho para que você chegue a tal estágio.

Contexto

Gosto muito da frase: "Um texto sem contexto é apenas um pretexto."

Isso é muito interessante, pois sempre existiremos dentro de um contexto. Já percebeu como o mesmo lugar, uma festa por exemplo, ou uma reunião de amigos, apresenta para todos os presentes as mesmas condições? A música é a mesma (desde que você não esteja com seu fone de ouvido), o local em si, sua temperatura, localização, cores, cheiros, barulhos. Tudo igual e mesmo assim há quem vá embora dizendo, que porcaria de encontro, enquanto o amigo olha estupefato para a cara do outro e diz "Caramba, achei que foi tão bacana!"

O contexto é aquilo que nos é dado, mas não aquilo que percebemos. Cada um fará sua leitura do contexto em que se está. Isso é mágico, principalmente em uma comunidade, seja ela sua família, sua igreja, sua empresa. Isso permite diferentes olhares para a mesma coisa, trazendo a oportunidade de construir algo novo, construir uma solução. Um Brainstorm, um Design Thinking, e todas as formas de criação se apresentam dentro de um mesmo contexto buscando trazer diferentes perspectivas, às vezes de forma eficaz, noutras nem tanto.

Imagine que o contexto é um mosaico ou um grande quebra cabeça. Cada um pega um pedaço disso e a capacidade de juntar esses pedaços é o que nos dará a chance de ver o quadro como um todo.

Costumo dizer que o conhecimento é um aglomerado de códigos que nos ajudam a decodificar a vida. Quanto mais sabemos de formas diversas podemos ver o mundo de formas diversas. Mas se estamos arraigados, presos a um único olhar, perdemos a chance de ver amplamente. Tarefa complicada para nosso ego essa capacidade de ver diversificadamente, mas é essencial.

Essencial para quê? Pois bem, chegamos ao ponto importante desta etapa. O Seu modelo mental, como você já está sabendo, é formado de quem você "é", de crenças, daquilo que valoriza, consciente ou inconscientemente. Aquilo que consumimos de informação nos ajuda a perpetuar nossa visão ou mudá-la. Note que isso em si já se torna um modelo mental, ou a forma de ver o mundo, de maneira que você passa a se ver como uma pessoa mais humilde no sentido de que aquilo que você sabe sempre poderá lhe ajudar. Porém você de fato não sabe tudo e tudo que sabe poderá ser negado, confirmado, acrescentado ou alterado.

Que maluco, mudar o seu modelo mental exige em si um novo modelo mental. Você quer?

Então vamos buscar no tema do contexto extrair a beleza que existe no olhar dos outros e acrescentar ao nosso olhar, mesmo que em um primeiro momento possa nos parecer errado, destoante ou até mesmo como algo que nos afronta. Aqui entram seus valores, que vão sinalizar o quanto aquela visão do outro afeta aquilo que é importante para você. Perceba que outros olhares não devem necessariamente alterar o seu olhar, você está entrando em um lugar de análise, de observação e reflexão, que lhe permite inclusive avaliar se aquilo a que você tem dado importância ainda deve receber a importância que você tem dado.

O Contexto para o Modelo Mental é o ambiente, as condições, o local, o momento, a situação na qual você está — na qual você está e não na qual você gostaria de estar.

Você já deve ter ouvido que de Gandhi disse: "Seja a mudança que você quer ver no mundo". Olha que legal, a mudança que você quer VER no mundo. Se eu mudo meu modelo mental eu mudo como EU VEJO o mundo. Ele, como mundo, como contexto, continua igual, mas você mudou então vê tudo diferente. Faz sentido? Você já teve essa experiência? Creio que sim e pode até sentir em seu corpo como é isso.

Qual então a grande sacada por traz da situação do contexto? Ser capaz de vê-lo sem julgamentos. Opa! Sei que novamente estamos em uma seara complexa. Afinal, como posso ver o mundo sem julgar se eu automaticamente já estou julgando com base no modelo mental que já tenho?

Aqui entra o "E" de Estado de Presença! Vamos em frente? Quer mais um minutinho para refletir? Sem problemas, esta é a ideia, levar você a um nível de compreensão que vem como produto de sua reflexão e não apenas das minhas palavras que estão aqui apenas para provocar tais reflexões.

Pense! Sinta! Viva! Seja!

Estado de presença!

Este é um dos temas mais caros para mim e talvez se torne caro para você também. Digo caro no sentido de realmente ter um valor alto e ao mesmo tempo custar bastante para entendê-lo e mais ainda para vivencia-lo.

Eckhart Tolle, autor de diversos livros, dentre eles o famoso O Poder do Agora, e com quem tive o prazer de estar em um seminário quando de sua vinda ao Brasil em São Paulo no dia 5 de novembro de 2016, diz que conseguir alcançar o estado de presença é o caminho para sua felicidade, para se encontrar, para se conhecer e conhecer o contexto. Dale Carnigie também traz essa visão quando diz: "Feche as portas de aço do passado e as cortinas de ferro do futuro." O Convite aqui é para que estejamos no momento em que estamos.

Pense e sinta novamente! Como posso dar o meu melhor, perceber o que de fato está na minha frente, tentar agir sem julgar se minha cabeça está no que aconteceu e no que poderá acontecer? Pesquisas mostram (dê um google nisso) que passamos pelo menos metade de nossas vidas acordados pensando no passado ou no futuro. Se considerarmos metade do tempo acordado, mais o tempo dormindo, isso significa que pensamos no momento presente talvez menos do que 1/3 de nossas vidas. Seria tempo suficiente para fazermos as mudanças que realmente queremos?

A autora Ellen Langer traz uma técnica muito simples para estarmos em estado de presença. Trata-se de ser capaz de "notar", ou seja, capaz de colocar nossa atenção nos detalhes do que acontece. Ela inclusive sugere uma atividade muito simples que poderá melhorar o seu relacionamento com seu esposo ou esposa, ou pessoas com quem você se relaciona frequentemente. O Assustador é o quanto se trata de algo simples e pode ainda por cima ser percebido como um ato de amor. Faça o seguinte: ao encontrar-se com a pessoa, literalmente note ela, busque ativamente olhar para os detalhes, cabelo, olhos, roupa, sapatos, mãos. Tudo que você puder. É bem como dizíamos no passado: "Dá aquela medida na pessoa."

Trago aqui duas abordagens deste tema. Uma delas vem da sabedoria de José Saramago, que dizia "Se podes olhar, vê. Se podes ver, repara!". Quanta simplicidade e profundidade. Repara no que você vê, somente assim poderá ser visto com melhor qualidade, se não tudo simplesmente passa.

Outra abordagem genial vem de um dos heterônimos de Fernando Pessoa:

"Para ser Grande, sê inteiro: nada teu exagera ou exclui. Sê todo em cada coisa. Põe quanto és no mínimo que fazes. Assim em cada lago a lua toda Brilha, porque alta vive."

Ricardo Reis

Em Estado de Presença as coisas acontecem em outro ritmo, em outra dimensão quase. Você está em outro estado mesmo. Mas somente por esse estado, no ato de se fazer presente no momento que se apresenta agora para você, que conseguirá ver o que há fora e dentro de você. Caso esteja lendo isso e pensando em outras coisas há a chance de você perder totalmente a linha de raciocínio e talvez tenha que voltar alguns parágrafos e ler novamente. Sem problemas, atingir o estado de presença é um treinamento constante que deve ser experimentado, sentido e vivenciado, pois apenas falado fica muito intangível. Tem que tomar a água para satisfazer sua sede, não basta falar dela.

Sugestão: Lembra-se do acrônimo T.E.R. tratado pouco antes? Retome "T" de Tempo e conecte aquela informação com esta que você acabou de ler sobre o Estado de Presença.

Identidade

Em estado de presença você poderá mergulhar em si mesmo. Essa é a maior de todas as jornadas.

Existimos sempre dentro de um contexto. Este traz as variáveis, os estímulos, as restrições sobre as quais fazemos uma leitura que chamamos de realidade. Mas essa realidade somente existe porque há um outro contexto, aquele com suas características especificas e que existe dentro de cada um. Trata-se de nossa identidade.

Aquele que somos determina como vamos interpretar o contexto externo. Assim, nosso contexto interno somado ao contexto externo cria as experiências e os significados que damos para o que de forma mais ampla chamamos de vida.

Mais do que sabido e divulgado, as palavras do líder indiano Mahatma Gandhi — "Seja a Mudança que você quer ver no mundo." — fazem sentido prático quando conseguimos unir esses dois mundos. Note que as interferências do meio continuam existindo. Elas em si não mudam e boa parte delas não tem como ser alterada por nós. Falo aqui das eventualidades diárias, temperatura, clima, trânsito, a reação das outras pessoas aos fatos ao seu redor, o mercado de trabalho, as decisões de outras pessoas que afetam você e seus amigos, familiares, comunidade, enfim, você deve saber bem quantas variáveis acontecem no nosso dia a dia e que não temos como controlar.

Da mesma forma, você também já deve ter percebido que, sobre esses mesmos fatores, diferentes pessoas dão diferentes significados. A decisão de um líder que altera a realidade de uma empresa ou comunidade pode agradar uma boa parcela da população enquanto desagrada uma outra parcela das pessoas. Sim, trata-se da opinião de cada um sobre a realidade que percebe existir.

Os últimos anos da política brasileira têm mostrado isso de forma clara, mas somente o tempo vai mostrar o que é bom ou ruim, até mesmo porque aquilo que é bom ou ruim é um significado que damos em um determinado contexto, que em si tem uma qualidade importante, o tempo. O "quando" as coisas acontecem influencia muito, pois somente depois de um fato e depois de seus resultados poderemos realmente entender o que aconteceu. Mas, para tomarmos uma decisão sobre o fato presente, o que faremos com nosso voto, com nosso filho, com nossa igreja, com nosso dinheiro, temos em mãos somente aquilo que percebemos e podemos imaginar no momento de nossa decisão.

Perceba a complexidade desse processo. Sabemos aquilo que conseguimos perceber. Quando mudamos a nós mesmos, mudamos aquilo e o como percebemos as coisas. Claro que somos guiados pelo o que nos interessa. Então pergunto: O que lhe interessa? Quais suas vontades, seus sonhos ou talvez melhor ainda, quais os seus valores?

Trata-se daquilo que importa para nós, isto é, aquilo que colocamos dentro da gente, aquilo que importamos ao nosso íntimo. Ao fazermos isso, seja consciente ou inconscientemente atribuímos um foco à nossa atenção. Onde anda sua atenção? O Contexto externo SEMPRE lhe trará muito mais estímulos e informações do que você consegue registrar de forma consciente, ou seja, que você consegue perceber. Quem fará este filtro é sua atenção.

MODELO MENTAL > IDENTIDADE > ATENÇÃO > LEITURA DO AMBIENTE > SIGNIFICADO (DE ACORDO COM O SEU MODELO MENTAL) > DECISÃO > AÇÃO > RESULTADO.

Olha que interessante, mudar o resultado que temos depende de mudar quem somos.

Parece um exagero e em alguns casos até pode ser mesmo.

Explico: Resultados que dependem apenas de um aprimoramento de suas habilidades, não demanda uma mudança de identidade. Pense em um gestor que precisa tomar melhores decisões orçamentarias. Talvez tudo o que ele ou ela precisa é estudar um pouco sobre finanças mesmo, formatação de orçamentos, custos. Se a identidade desta pessoa estiver adequada apenas estas habilidades ou simplesmente esses conhecimentos poderão resolver. Contudo, se a identidade desta pessoa não é um terreno fértil para que o novo conhecimento (semente) dê frutos, então uma mudança mais profunda é necessária.

Um exemplo é aquele gestor que não se vê como alguém bom para cuidar de orçamentos, ou ainda que acredita que sua incapacidade de lidar com dinheiro na vida pessoal afeta suas decisões na empresa. Se alguém com esse contexto interno fizer um curso sobre finanças, suas crenças, seu modelo mental, sua forma de ver o mundo vai limitar a capacidade de execução, mesmo que tenha o conhecimento em mãos.

Como se diz, é uma bela jornada de evolução pessoal começar a tomar consciência de quem se é e o quanto isso vai ganhando amplitude, o quanto mais se sabe sobre si mesmo.

Muito confuso? talvez sim e se estiver complicado neste momento, tudo bem. Podemos fazer um exercício rápido para buscar um esclarecimento mais amplo.

Pense em algum curso, alguma habilidade, algum conhecimento que você tenha adquirido recentemente ou há algum tempo e que nunca, de fato, se tornou realidade na sua vida.

Talvez um curso de finanças mesmo, ou coaching, talvez pintura, marketing.

O que este conhecimento lhe habilitaria a fazer que você não está fazendo? Talvez administrar melhor sua agenda? Tomar melhores decisões sob pressão? O que importa é aquilo que você esperava estar fazendo, buscou conhecimento para isso, e ainda assim não faz. Consegue determinar algo assim? Pois bem. Agora busque saber porque isso que você quer fazer é importante para você. Para saber apenas se pergunte: "O que ganho fazendo isso?". Depois de responder essa pergunta, faça outra: "O que eu ganho não fazendo isso?". O ganho na primeira pergunta é mais potente do que o ganho na segunda pergunta? Se for, e ainda assim você não consegue fazer aquilo que seria esperado da habilidade ou conhecimento que você adquiriu, vamos precisar dar um salto maior.

Pense, por exemplo, no exercício físico, tema sempre falado nas rodas de amigos e presente nas listas de pretensões para o ano novo.

O que eu ganho fazendo exercício físico?

Mais saúde, melhor disposição, perda de peso.

O que eu ganho não fazendo isso?

Mais tempo, chance de dormir mais, atenção das pessoas (sim atenção das pessoas com quem você se importa e que pegam no seu pé e que, no final das contas, você acha bom).

Pois bem, caso sua saúde esteja boa, pelo menos na sua percepção provável que você dê um valor menor para a primeira pergunta comparada a segunda pergunta.

Imagine que em uma escala de 1 a 10, você atribui para a resposta da primeira pergunta um valor 7 e para a resposta da segunda pergunta um valor 9. Percebe que esta "valorização" subjetiva se transforma em uma decisão, no caso não fazer academia? São as famosas desculpas!

Mas agora quero levar você para uma análise mais ampla. Para isso, vou lançar mão de experiências de grandes nomes de nosso tempo. O trecho que segue foi extraído do livro Avalie o que importa de John Doerr.

Engenheiro e aclamado investidor de capital de risco, John Doerr ajudou empreendedores a criar empresas revolucionarias, dentre elas Google e Amazon.

Aqui então, subo nos ombros de gigantes para que nos ajudem a ver muito mais longe, sobre como nosso modelo mental afeta nossas vidas e quem queremos ser neste mundo de gigantes.

John Doerr inicia seu livro descrevendo os fundadores do Google da seguinte forma:

"Eles eram autoconfiantes, até ousados, mas também curiosos e reflexivos. Ouviam e mostravam resultados."

Já de forma específica, John diz:
"Sergey era ativo, imprevisível, de opinião forte e capaz de superar abismos intelectuais de uma só vez. Imigrante, nascido na União Soviética, ele era um negociador sagaz e criativo, além de um líder de princípios. Sergey era inquieto, sempre ambicioso; tinha a capacidade de se jogar no chão e começar a fazer uma série de flexões no meio de uma reunião. Larry (o outro fundador do Google) era engenheiro criado por um engenheiro: seu pai foi um pioneiro da ciência da computação. Ele era um inconformado de fala mansa, um rebelde com uma causa dez vezes maior do que todas: tornar a internet exponencialmente mais relevante. Enquanto Sergey desenvolvia a parte comercial da tecnologia, Larry trabalhava no produto e imaginava o impossível. Ele era um pensador que queria chegar ao céu, porém com os pés no chão."

Perceba que em poucas palavras podemos ter uma visão muito ampla e potente de quem são essas duas figuras icônicas de nosso tempo.

Vamos olhar para Sergey, nos dando o luxo de focarmos na descrição que John Doerr nos traz. Para fazermos isso, utilizaremos os níveis neurológicos de Robert Dilts (na minha opinião um outro gigante de nosso tempo).

"Sergey era Ativo [...]"
Perceba o uso do verbo "ser", estamos no nível da identidade. Alguém que é ativo acredita em certas coisas e valoriza certas coisas que o move. Além disso carrega habilidades que lhe permitem ser ativo. Mas ativo pode ser muito amplo e muitas pessoas podem ser ativas e ainda assim não realizarem nada de importante na vida. São as pessoas ativas, mas sem foco, sem plano, sem sonho, ou que apenas correm para fugir e não para criar ou chegar a algum lugar.

"[...]imprevisível, [...]"
Ser imprevisível, mais do que um traço positivo ou negativo, aponta para um reforço do traço ativo, pois aqueles muito ativos podem realmente recair em mudanças repentinas. Alguém meramente ativo e imprevisível talvez não seja o genro ideal que você queira para sua filha, ou a nora para seu filho. Mas ainda assim, há outros elementos que vão dando forma a persona de Sergey, segundo a descrição de John Doerr. Por hora estamos apenas vendo alguns traços de uma forma que ainda não sabemos qual é.

"[...] de opinião forte [...]"
Note mais um traço que pouco diz dessa persona se olharmos de forma isolada. Mesmo o conjunto: Ativo + Imprevisível + Opinião forte também não garante alguém potente para realizar algo positivamente significativo e que faça a diferença na vida das pessoas.

Sigamos!

"[...] e capaz de superar abismos intelectuais de uma só vez."
Aqui, saímos do nível de identidade e saltamos para o nível de Habilidades, capacidades. Superar abismos intelectuais de uma só vez talvez seja resultado de sua criação, de sua genética ou de tantas outras variáveis que não se apresentam nessa descrição de John. Mas certamente podemos concluir que tal capacidade lhe dá o crédito de grande inteligência.

"Imigrante, nascido na União Soviética [...]"
O autor inclui esta informação, que em si não diz muita coisa, ou na verdade pode dizer muito sobre a criação de Sergey. John não cita quando Sergey foi para os USA, então fui buscar na ferramenta que ele mesmo criou, o Google. Sergey Mikhailovich Brin, nasceu em 21 de agosto de 1973, em Moscou e mudou-se para os USA com seus pais quando tinha apenas 6 anos de idade.

"[...] ele era um negociador sagaz e criativo [...]"
Note que novamente temos uma descrição no nível da Identidade, mas que demonstra habilidades claras: negociação de forma sagaz e criativa.

"[...] além de um líder de princípios [...]"
Neste caso, temos uma característica da liderança de Sergey, apontando para qual tipo de líder ele é, nos levando a suspeitar um pouco mais de sua identidade.

Temos então:

Ativo + Imprevisível + Opinião Forte + Líder de Princípios.
Todos estes elementos forma parte do que podemos suspeitar sobre a identidade de Sergey. Saliento que este é um exercício que fiz para que, com as informações que temos, possamos

aprender a distribuir nos níveis neurológicos, sem a menor pretensão de dizer qual é a identidade de Sergey ou seu modelo mental.

Um ponto crucial aqui é justamente o Líder de Princípios. Embora o que se tem em mãos me leva apenas a suspeitar com meu próprio modelo mental, minha suspeita é que alguém que lidera por princípios tem valores que incluem as outras pessoas, que considera o bem comum e talvez carregue respeito como valor pessoal. Se eu estiver certo sobre essa dedução, perceba que as outras características dessa pessoa (independente agora se é o Sr. Brin ou não) sem um guia de "princípios" poderia se tornar uma potência para qualquer outra coisa? Coisa do tipo Luke Skywalker e Darth Vader. Dois lados de uma mesma moeda.

Mas há outra pessoa em questão, o outro fundador, Larry Page.

"[...] era engenheiro criado por um engenheiro."
Muito curiosa a forma como o autor começa a descrição de Larry. Ser um engenheiro já nos traz uma imagem, um estereotipo de pessoa. Quando ele diz "criado por um engenheiro" temos um reforço do estereótipo.

"[...] Ele era um inconformado [...]"
Mais um pouco sobre a persona de Larry. O que significa para você ser um inconformado?
Como fica a união de um inconformado e um ativo?

"[...] de fala mansa [...]"
Embora fala mansa seja a descrição de um comportamento, podemos deduzir qual o tipo de pessoa teria este tipo de atitude. Assim vamos construindo nossa imagem sobre esse gigante.

"[...] um rebelde com uma causa dez vezes maior do que todas: tornar a internet exponencialmente mais relevante."
Isso é muito interessante: um rebelde com uma gigantesca causa, que ainda é potencializado por um traço de inconformismo suportado por alguém ativo. Pólvora e Faísca. Quase que uma dupla ao estilo sertanejo brasileiro.

"[...] e imaginava o impossível."
Mais um traço interessante. Ouvimos sobre a importância de pensar grande, sonhar alto. E que tal imaginar o impossível? Qual o tipo de potência se ganha ao fazer isso, sendo alguém inconformado com traços rebeldes, que ao meu entender rebelde traduz alguém que está disposto a quebrar barreiras, infringir regras que se entende serem restritivas para a construção de algo maior.

Por fim

"Ele era um pensador que queria chegar ao céu, porém com os pés no chão."
Sonhar e executar, cabeça na lua e pés no chão para poder caminhar e realizar. Aqui vejo realmente a imagem de um gigante, pois somente um ser enorme pode ter cabeça nas nuvens e pés no chão.
Por mais literal que possa parecer, trata-se claramente de uma figura ou metáfora poderosa. Não se trata de ser um gigante em seu tamanho físico, mas sim sentir-se como tal.

Nesse breve desmembramento falei do que o autor John Doerr trouxe sobre Larry Page e Sergey Brin. Embora pareça que o foco desses últimos minutos de texto tenham sido essas figuras, na verdade não foram. Todo esse tempo estou falando de você. De seus traços, de sua forma de ver o mundo, de se relacionar com os fatores e eventos que lhe acontecem.

Depois de ler o trecho da forma que lhe apresentei, qual a imagem que você tem dos dois fundadores do Google? Que imagem você construiu em sua mente sobre você mesmo perante o que leu? Sim, talvez você tenha tido pensamentos positivos e de admiração ou ainda pensamentos contrários ou que afrontam as "qualidades" apontadas. Talvez você os conheça pessoalmente e saiba de coisas que não sei. O que importa é quem você é neste processo. Você consegue se perceber julgando? Tirando conclusões ou simplesmente concordando comigo? Este é você.

Por isso, da mesma forma que lemos um pouco da descrição apresentada por John Doerr, minha sugestão para você é pensar em qual descrição seria mais adequada sobre você.

Se John Doerr estivesse escrevendo sobre você, como você acha que seria a descrição dele?

Quem John diria que você é? Quais habilidades seriam apontadas? Quais comportamentos?

Faça um ensaio, um teste.

Descreva quem você gostaria de ser. Sugiro que se faça de três formas:

1. Descreva textualmente, ou seja, escreva "Fulano de tal é …". O Verbo ser vai lhe definir neste texto;

2. Com o texto escrito, feche seus olhos. Se souber meditar você está em vantagem, mas se não souber, busque apenas relaxar, seguindo sua respiração; pense na pessoa que você quer ser e deixe seu corpo falar. Se você fizer isso de pé, melhor, para que possa fazer um gesto interessante. Se a vergonha faz parte de seu ser ainda, pode fazer este teste em uma sala fechada, sem problemas. Não julgue, se der vontade de pular, pule, deitar, deite e assim por diante. Apenas deixe seu corpo representar aquilo que você entende e sente ser a pessoa que quer ser.

3. Feito isso, relaxe novamente e deixe fluir uma imagem em sua mente. Talvez durante o gesto você já tenha tido uma imagem na cabeça. Ela pode ser sua metáfora, uma imagem que representa quem você é.

Olhe para tudo isso e veja se você está satisfeito(a) com a pessoa que você desenhou como sendo seu objetivo de crescimento. Se não, faça tudo novamente. A ideia é que você tenha em mãos elementos que lhe ajudem a visualizar esta pessoa que você quer ser.

Com o desenho feito (texto, gesto e metáfora) busque descrever nos níveis neurológicos:

- Quais crenças esta pessoa tem?
- Quais valores esta pessoa carrega?
- Quais habilidades esta pessoa tem?
- Quais os comportamentos que ela demonstra?
- Como é o ambiente em que esta pessoa está?

Com essa descrição em mãos, vem uma parte essencial:

Vamos afinar ainda mais este caminho: Por que você quer ser esta pessoa?

Pergunte pelo menos de três a cinco vezes. Mas pergunte o motivo para cada resposta que você der, exemplo:

Por que quero ser XYZ?
Porque terei mais sucesso.

Por que eu quero ter mais sucesso?
Porque quero mais reconhecimento.

Por que eu quero mais reconhecimento?
Porque quero ser importante.

Por que eu quero ser importante?
Porque quero ganhar mais dinheiro

E assim você segue perguntando para afinar sua razão de ser quem quer que seja. Pode ser que você entre em um Looping na resposta, isso indica seu ponto de interesse. Exemplo:

Por que eu quero ganhar mais dinheiro?
Porque quero ter poder.

Por que eu quero ter poder?
Porque quero ser importante.

Veja que voltamos a uma mesma resposta. Neste ponto entenda o que é importante e signifique de verdade para você. Verifique se a pessoa que você desenhou de fato representa isso.

Bem, lembre-se que essa sequência foi apenas um exemplo, as perguntas podem variar muito.

Com essa clareza maior, busque então descobrir o que a pessoa que você desenhou tem que você ainda não tem? Este "gap" ou diferença é onde você deve trabalhar.

Vou falar mais sobre este tema quando abordar: "Qual o modelo mental que melhor representa minha autenticidade?

Impulsos

Uma reflexão que me toma de assalto várias vezes é a dos impulsos. Explico. Entramos em ação de acordo com os impulsos que temos. Muitas vezes acabamos realizando muitas coisas de acordo com impulsos externos, que não nascem de nossa vontade e de nosso ser mais profundo, mesmo que tenhamos talento ou propensão para realizar seja o que for.

Li há um tempo a biografia do Agassi, grande jogador de tênis. Tamanha foi minha surpresa ao descobrir suas gigantescas realizações no âmbito do esporte.. Conquistas que foram motivadas por um forte impulso externo: seu pai. Contudo, como se vem a saber nesta biografia, não se tratou de um impulso positivo para ele, embora à nossa vista tenha sido muito positivo , dado o que ele conquistou. Digo que foi negativo, pois ao que entendi, se ele tivesse notado a oportunidade que tinha de escolha talvez não tivesse cedido à pressão do pai para seguir a carreira que seguiu. Certamente o mundo teria perdido um grande esportista, mas essa seria uma análise unilateral. Ele não via a hora de poder parar, de conseguir atingir o nível que pudesse agradar ao pai para poder depois então fazer algo que de fato desejava.

Quanto de nosso dia é dedicado à execução de tarefas que não estão ligadas ao nosso impulso mais pessoal? Atividades ligadas apenas ao que se espera de nosso cargo naquele momento ou de nosso papel. Isso não quer dizer que vamos deixar de ter tais papéis, como por exemplo o papel de pai. Porém, a pergunta chave aqui é: "Será que estamos agindo neste papel de acordo com nosso real entendimento de quem somos nele ou apenas atuando em um papel que a sociedade e os olhos alheios nos disseram que seria a atuação daquele papel?"

Isso tem um peso enorme! Para ilustrá-lo tomo aqui emprestadas as palavras de Agassi em sua biografia:

"Abro os olhos e não sei onde estou, nem quem sou. Isso não é nenhuma novidade, pois passei metade de minha vida sem saber" e mais adiante ele continua explicitando que, mesmo diante do sucesso, que pode ter sido conquistado com suor e dedicação, fazer algo fora de nossa autenticidade nos rouba a beleza de viver e a potência de agir. Ele continua: "Sou relativamente jovem (tenho 36 anos), mas acordo me sentindo como se tivesse 96." [...] Jogo tênis para viver, embora deteste esse esporte. Detesto tênis com uma paixão secreta e sombria, e sempre detestei."

Em outras palavras, alguns papéis não podemos evitar ou fugiremos ao que nos é dado de fato, como o caso de ser um pai. Podemos sim negligenciar o papel, mas perdemos de vista nossa responsabilidade mais ampla. Ou na empresa, quando agimos como o chefe pede para que façamos e não da forma como entendemos que seria o mais adequado para executar aquela função alinhada ao que temos de melhor.

Ao identificar que um papel que temos em mãos é um papel que temos que cuidar, devemos nos questionar se estamos atuando em conformidade com quem somos. Esta linha pode ser bem tênue, mas não é difícil de ser percebida. Se ao fazermos o que estamos fazendo desejamos não estar fazendo daquela forma, provavelmente não estamos sendo fiéis a nós mesmos. A pergunta aqui é "Como posso fazer o que devo fazer de forma que respeite quem eu sou?"

Pode parecer ideológico demais, até mesmo romântico, mas entendo que somente assim poderemos exercer a melhor função, o melhor papel, pois estaremos usando tal papel como um meio para nos expressar verdadeiramente. A Verdade que temos a partilhar deve se expressar na menor atividade que tivermos em mãos para executar. Aqui está a expressão da autenticidade. Colocar em um papel padrão um traço único de quem somos. Somente assim podemos expressar a nossa verdade interna e não apenas a aplicação de uma boa habilidade, seja natural ou aprendida e aperfeiçoada.

Agassi desempenhou muito bem seu papel de tenista. E mesmo tendo sua alma danificada ao longo do processo, colocou seus músculos, atenção e treino para realizar o que precisava realizar.

O quanto estamos ferindo nossa alma para alcançar o desejo do ego? O Desejo de uma imagem que criamos com base na expectativa dos outros? E por que isso deveria ser importante para você? Por uma razão dupla: Uma porque você será mais feliz e o happy hour não será somente depois do trabalho e, de outro lado, seu empregador, seu cliente, seu fornecedor, seus pares, amigos e familiares terão sempre o melhor que você tem a oferecer, pois sua alma estará envolvida neste processo.

A expressão de sua autenticidade faz de você uma pessoa magnética, que atrai aqueles que partilham da visão que você tem e acima de tudo de uma visão que expressa sua verdade mais intima e, por isso, bastante potente. Ela cria um contexto de confiança, pois em primeiro lugar você será a pessoa mais fiel à sua própria visão, facilitando aos outros decidir seguir seu sonho se com ele puderem realizar suas próprias vontades. Torna-se um centro que atrai interesses comuns na expressão de uma visão que fale de sua verdade.

Mas a expressão de sua verdade não quer dizer que será algo que fará bem ao mundo. Aqui cabe um cuidado grande. Temos vários casos em nossa história de pessoas que foram fiéis à sua visão de mundo e nem por isso fizeram ao mundo um bem, por mais que achassem que estavam fazendo.

Dessa forma, sua autenticidade é um meio verdadeiro de expressar quem você é, e há, no meu entender, a necessidade de uma análise sobre o impacto dessa visão.

Pego um exemplo das estórias fantásticas do cinema. Thanos, o grande vilão dos Vingadores. Para ele o que importa é o balanço. Até aqui tudo bem, porém a forma como entende o processo para encontrar tal balanço é que nos deixa dúvida sobre sua sanidade quanto ao que há de impacto por trás de suas ações.

Para ele, para encontrar o balanço ele deveria dizimar metade das vidas existentes no universo, por isso foi atrás das seis joias do infinito, para que uma vez em seu poder, com um simples estalar de dedos, pudesse realizar sua visão. Para quem viu o filme sabe que ele foi bem-sucedido nessa tarefa, foi capaz de realizar devido à sua força física, mas acima de tudo de sua força de ideal, de foro íntimo. Claro que dizimar metade das vidas existentes com um "simples" estalar de dedos nos soa abominável, e tanto é que os Vingadores lutam para evitar isso. Contudo, como a natureza faz seus ajustes? Aqui entramos na antiga fala de que os fins justificam os meios. Será mesmo?

Será que Thanos poderia rever seu entendimento sobre balanço? Para isso seria necessário mudar seu modelo mental. Mudar como enxerga a vida. Contudo, dadas as habilidades que temos, as forças que reconhecemos, podemos ficar presos a um único tipo de análise sobre o contexto. Se não entendo que a compaixão, por exemplo, é um poder que tenho em mãos, posso concluir que a força bruta é o caminho, caso eu tenha esse poder. Ou posso entender que a força da manipulação seja o caminho, mesmo que minhas intenções sejam as mais nobres.

Cabe aqui então a ideia do Mindlfow, ou da fluidez mental, com a qual não considero apenas o meu jeito de ver a vida e sim diferentes formas de ver a vida ao mesmo tempo. Não se trata de uma habilidade simples, pois tenho que ter a capacidade de segurar em mente, ao mesmo tempo, pensamentos paradoxais.

Thanos poderia pensar em balanço pelo viés da destruição como pelo viés da compaixão. Como mantenho estes dois pensamentos em mente ao mesmo tempo, gerando entre eles o equilíbrio desejado? É a clássica troca do "ou" pelo "e", o que exige uma serenidade mental grande, pois tenderemos a dar mais valor àquela opção que para nós é mais fácil, mais simples, levando em conta que está no nosso campo natural de atuação.

Uma abordagem autêntica é inclusiva aí tem o "entendimento que ser autêntico não é ser estático no quem sou agora e sim fluído, aproveitado cada momento como um convite para sermos uma versão melhor do que já sou.

Note que assim um ser autêntico busca evoluir o tempo todo e não estar certo o tempo todo. É quando me pergunto: "Como esta situação potencializa o meu ser?" Será que Thanos em posse de todas as seis joias, ao invés de dizimar poderia buscar um caminho mais difícil e menos devastador, como por exemplo criar um contexto para a mudança da consciência de todos os seres vivos?

Pode parecer absurdo, mas considerando um contexto imaginário das estórias em quadrinhos, não seria isso também possível? Note que isso exigiria em primeiro lugar que ele estivesse desejoso de mudar a própria consciência, o que acredito que seria bem possível com tanto poder em mãos, literalmente.

E você, se tivesse o poder de Thanos, o que faria? Na verdade, creio que você tem tanto poder quanto ele, mas em um universo bem menor, talvez somente o de sua casa ou departamento. Você está usando este poder para aumentar a consciência das pessoas ao seu redor e sua própria ou está apenas seguindo o bando num fluxo muitas vezes sem sentido?

Hábito

Um dos temas mais importantes quando falamos de mudança ou mesmo evolução é o hábito, a nossa velha e boa rotina.

Charles Duhigg, autor de O Poder do Hábito, com quem tive o prazer de fazer um treinamento presencial em 2014, trata deste tema com maestria. Na capa de seu livro, podemos ver uma imagem bem sugestiva: Vários quadrinhos com pessoas dentro e outro com a pessoa saindo do quadrinho. Este é o Poder do Hábito em imagem, em sua sugestão metafórica. O hábito nos coloca em uma "casinha", mas cuidado com os julgamentos precipitados e a rotina, o hábito não é algo ruim, mas algo que, construído conscientemente nos dá o poder da consistência.

Sabemos por diferentes estudos, principalmente aqueles conduzidos pela Neurociência, que o hábito é um artifício de nosso cérebro em prol de sua eficácia, em prol de objetivar o uso de nossa energia de forma a sobrevivermos com melhor qualidade, com maior efetividade. Por isso, hábito é bom, quando nos gera bons resultados, mas há certamente hábitos ruins, que geram resultados ruins. O Fumo é um hábito ruim, sem dúvida e a estória que lhe conto a seguir fala justamente disso.

Dia 29 de janeiro de 2019 peguei um Uber para voltar para casa. Edmar, o motorista que me conduziu, chegou precisamente no local onde eu o aguardava, sendo que antes já havia me enviado uma mensagem avisando que estava por perto, abastecendo.

A comunicação objetiva e clara ajuda muito, pois às vezes na ânsia ou na pressa podemos chegar a cancelar uma corrida simplesmente porque o aplicativo da Uber mostra que o motorista não está evoluindo em seu trajeto. Entrei no carro, balinha à disposição, sorriso no rosto, ar condicionado deixando o ambiente muito gostoso. Mas não somente isso, o carro cheirava bem. Começamos a conversar e uma conversa leva a outra e o tema do cheiro foi um deles, então Edmar contou sua história, que partilho agora com você.

Até um ano atrás Edmar fumava. Começara cedo, aos 15 anos, e cedo também tinha vontade de parar e as penúrias do fumo o incomodavam bastante ao ponto de baixar suas notas na Uber, já que mesmo não fumando no carro, o cheiro o acompanhava, fazendo da experiência com o cliente algo muito menos prazeroso do que o que eu experimentei depois de sua vitória sobre o fumo.

Como um ser curioso que sou, perguntei para ele como foi este processo e tudo começou com a vontade de parar de fumar, por diversas razões, sendo uma delas o contexto que descrevi logo acima. Para isso, Edmar buscou a ajuda de um médico. Esse esforçado motorista me contou que o médico lhe deu um questionário, que chamou de bobinho, mas que na verdade, depois que me explicou o que tinha nas perguntas, pude perceber que era a busca por entender qual a rotina implícita ao hábito de fumar de Edmar.

Vencida esta etapa, que não foi simples, pois segundo ele o médico testava sua vontade de parar de fumar, dando prazos longos para que pudesse fazer as tarefas, a saber: responder o questionário, voltar ao consultório e, a parte interessante, decidir em qual data pararia de fumar. Para auxiliar nesse processo o médico lhe deu um remédio que segundo Edmar era poderoso, pois realmente tirava a vontade de fumar. Na verdade, tirava a vontade de quase tudo. Então o motorista da Uber me contou que o remédio tirou 50% da vontade de fumar, mas o outro 50% era sua rotina, seu hábito. Sempre que parava, entre uma corrida e outra, ou para esperar em algum lugar aberto e todas as condições propícias para se fumar ele ia lá, pegava a cartela, sacava um crivo, tascava fogo e saboreava a fumaça, se é que é possível dizer que se pode saborear uma fumaça, mas enfim. Acontece que ao longo de seu processo para parar de fumar, naqueles momentos em que o cigarro lhe fazia companhia, Edmar sentiu-se perdido, não sabia o que fazer, bem ao estilo de quando estamos frente a muita gente nos olhando e a primeira coisa que fazemos é buscar um bolso para colocarmos as mãos. Edmar às vezes não tinha bolso, não tinha nada o que fazer, ficava quase que com uma crise de identidade, quem sou eu, o que faço agora, para onde vou, como vou...dava para sentir seu desespero frente ao hábito, muito embora a parte química do vício estivesse tratada (dentro daquilo que entendo deste processo e do que ele me contou).

A força do hábito conduz muitas de nossas atividades e nossos comportamentos sem que nos demos conta disso. Edmar sem o cigarro se deu conta de que havia muito mais para ser feito, mas que no começo era tudo para o cigarro, todo momento era para aquele companheiro esfumaçado. Agora ele encontrou uma recompensa que não substitui o cigarro, mas sobre a qual tem melhor controle: o chocolate. Essa é uma outra estória que não deu tempo de explorarmos, pois chegara ao meu destino.

...

Parte 8
Do seu Mindset ao seu Mindflow. Como fazer!

...

Qual o Modelo Mental que melhor representa minha autenticidade?

Seu futuro existencial. Apenas três palavras que carregam muito significado. Quando digo "seu", é porque está em suas mãos e não dos outros. Seu é aquilo que lhe pertence, que está sob seu comando. Na verdade, pouco está sob nosso comando. Até tendemos a crer que muito está, mas se prestarmos atenção notaremos que isso é apenas um desejo nosso, algo que nasce da incapacidade de aceitar o que é da forma que é. No fundo desejamos controlar tudo para que saia do jeito que queremos. Você já deve ter notado que a vida não é bem assim, seja em qual área da vida estamos olhando, pessoal, profissional, espiritual. Passamos muito tempo desejando o indesejável.

Por exemplo, no trânsito controla-se o carro, mas não o semáforo, os outros motoristas, o clima. A todo momento estamos nos adaptando velozmente a cada situação que aparece, alguns melhores do que os outros e nós mesmos melhor em alguns momentos do que em outros.

Futuro! O tempo é algo percebido apenas por nós, seres humanos. A Cronologia ou o tempo cronológico é uma criação humana para que consigamos nos situar no tempo, que tem seus movimentos específicos, dia, tarde e noite, mas com o relógio em todos os lugares, no pulso, no celular, na parede, o tempo natural não existe mais e sim o tempo que criamos, cronológico.

Agora você já notou que o passado apenas existe porque temos memória e noção cronológica? Sem esses dois elementos não conseguimos nos situar no tempo. Os animais podem até ter memórias ou lembranças, mas o tempo contado nos ponteiros não faz o menor sentido para esses seres vivos, para eles há apenas o registro da experiência que vai construindo a perspectiva de vida.

Somos nós também sujeitos a esses fenômenos, com a diferença de que os encaixamos no relógio. Da mesma forma o futuro tem aspectos intangíveis, que residem apenas em nossa mente imaginativa. Essa qualidade de nossa mente nos permite planejar, nos preparar e sonhar acima de tudo. É neste aspecto que o futuro lhe dá um campo de grande potência sobre o que você fará no único momento do tempo que de fato existe: o aqui e agora.

Existencial! Existimos como seres vivos biológicos. Nosso organismo, assim como dos animais, opera de modo a nos dar a oportunidade de experimentarmos de forma dinâmica e viva o que o mundo nos traz a cada segundo, mas temos a vantagem de pensar sobre este existir e isso é poderoso demais. Somente com este pensar atrelado a capacidade de sonhar que conseguimos evoluir e criar coisas que alteram significativamente o nosso entorno. Tanto altera que somos vítimas e beneficiários do que criamos e de como alteramos esse entorno.

Contudo, justamente esta capacidade de pensar sobre a vida, sobre nossos desejos, sobre o que vemos acontecer todos os dias, que nos gera cenários maliciosos ou benéficos para nossa existência. Danificamos ou potencializamos o ato de existir, simplesmente porque sabemos pensar.

Qual o significado de sua existência?

Isso faz toda a diferença. Como temos a capacidade de pensar acabamos criando rótulos, categorias, significados para tudo que experimentamos. Curiosamente uma mesma situação pode se tornar boa ou ruim aos olhos da mesma pessoa, caso ela mude a forma de olhar para tal situação. Isso certamente já está bem claro para você a esta altura do livro.

Pense na situação "O tempo acabou!". Você está em uma reunião com alguém que você gosta, com quem é agradável estar. O tempo acaba e você acha ruim que acabou. Porém, se estiver na mesma situação com uma pessoa que você não gosta, o tempo acaba e você dá graças a Deus por isso. Se seu foco for, por exemplo, apenas apreciar o fato de que a outra pessoa é um ser humano, pouco importa se você gosta ou não dela. Aquela pessoa está ali carregada de conteúdo e experiências com as quais você pode aprender e se desenvolver. Para isso, há um tempo determinado, quando o tempo acabar você simplesmente segue o seu caminho, levando consigo o melhor que pôde aprender, sem achar bom nem ruim, apenas segue seu caminho. Não se trata de indiferença, pois com essa você não aprende, não foca no outro, não foca em seu próprio desenvolvimento, apenas ignora e pensa em outras coisas, perdendo assim a oportunidade de estar no momento e com ele evoluir.

Uma vez atribuindo um significado elevado para sua existência, você muda o como vê a vida a cada momento. Então lhe pergunto, qual o seu significado para sua existência? O que para você é estar vivo?

Em meus workshops aplico uma atividade simples, porém poderosa para este fim. Peço para que as pessoas pensem em sua morte, o fim da linha, o encerramento de seu tempo existencial neste planeta, como ser biológico. Então, peço que imaginem que sua existência foi significativa ao ponto de um repórter de uma grande mídia se interessar em saber mais sobre você. Este repórter sai em busca de informação e entrevista seus familiares, seu chefe, seus pares, amigos, liderados. Peço então que escrevam uma matéria, como se fossem aquele repórter retratando o que as pessoas falaram de você. Lembre-se que seu legado é aquilo que as pessoas lembram sobre você. Mais ainda, é como você as fez sentir e experimentar quando estavam com você.

Sugiro que pare agora e faça esse exercício. Caso siga em frente sem fazê-lo, aviso que o que falo adiante traz alguns spoilers, então esteja ciente que se deixar para depois poderá não tirar o melhor dele, pois já estará enviesado com o que direi.

Faça o exercício agora.

O que digo agora traz os spoilers que mencionei. Então, você já fez o exercício?

Em todas as aplicações desse exercício que fiz com centenas de pessoas, NUNCA vi ninguém relatando mansões, carrões, dinheiro e conquistas de poder. Todos, sem exceção, desde Executivos de alto escalão até funcionários de cargos menos impactantes relatam realizações muito mais humanas. Isso é na verdade de se esperar, pois no final das contas somos humanos querendo ter uma experiência humana e esta só faz sentido se temos pessoas ao nosso redor.

Qual o benefício de seu relógio rolex em uma ilha deserta onde você está sozinho?

Você trocaria qualquer dinheiro pela companhia de alguém querido, mesmo que com este alguém, em muitos casos, você tenha desavenças, não é verdade?

Não se trata de não querer o material. Eu quero coisas boas e materiais em minha vida também. Isso não exclui desejar algo mais elevado para si mesmo. Mas quando assim queremos, o material se torna menos importante, se torna algo ao qual não nos apegamos. Uma vez ouvi um CEO respondendo a seguinte pergunta: "O Senhor já conseguiu todo poder que podia, o que mais você quer?". Infelizmente a resposta foi "Eu quero mais!". Assim se alimenta nosso ego; de mais e mais. Mesmo sem ter um significado elevado em sua vida este ser humano foi capaz de conquistar o material, o dinheiro, o poder. Não se trata de ter um objetivo bonito e sim a motivação e as habilidades necessárias, e muitas vezes a falta de caráter para esse fim pode ser muito bem-vinda. Que fique claro que eu pessoalmente não estou recomendando isso, apenas apresentando o fato.

Assim, o ponto central de se ter um significado elevado em sua vida está na capacidade de encontrar sua verdadeira essência, seu ser mais autêntico. Será que aquele CEO não foi autêntico? Tenho minhas dúvidas, pois como seres humanos estamos "programados" para nos relacionarmos com o outro, para servirmos e sermos servidos. Mas claro que podemos mudar esse contexto e focar apenas em nós mesmos e no nosso ego. Muitos fazem isso.

A autenticidade e o significado elevado se unem na busca de uma coerência consigo mesmo. Na aplicação de valores que unem e não que criam fissuras. O ato de querer mais demonstra um vazio interno enorme. Ao sermos autênticos nossa satisfação está em nós mesmos e não em nada externo a nós. O Autêntico alimenta-se do que se é! O Egóico ou não autêntico se alimenta das sensações que o mundo externo provê e como isso é muito efêmero sempre precisa de mais, tal qual alguém com dependência químico-psicológica forte.

Quando somos o que somos, nos entendemos. Cada momento serve para nos entendermos melhor, para amenizar aquilo que é ruim em nós e potencializar aquilo que é forte em nós.

Mas espere! Como assim algo que é ruim? Isso não seria um significado que estou dando?

Não, ruim aqui é aquilo que você sabe que tem e que lhe atrapalha a realizar aquilo que você almeja como legado para sua vida. É a relação de sua luz e sua sombra. Somos os dois e não podemos excluir um ou outro, temos que aceitar e acolher ambos. Em termos gerais, somos todos sujeitos às falhas naturais dos seres humanos. Temos sim nosso ego, a persona criada perante o mundo que vivemos e experimentamos a cada dia. Com ele caímos muitas vezes nas tentações do desejo que carregamos dentro de nós. A vontade de controlar, de conquistar, de ter. Todos estamos sujeitos à falta de paciência, falta de empatia, falta de interesse pelo outro que está dormindo ao nosso lado. Tudo bem! Mas estes são convites que nos permitem olhar para nós mesmos e nos transformarmos em alguém que é capaz de deixar o legado desejado, que em geral tem a ver com ter sido uma pessoa que fez o bem, que fez a diferença na vida de outras pessoas, cada um à sua maneira, cantando, desenhando, liderando, criando, escrevendo, medicando, aconselhando. Veja que estamos falando de sua essência mais profunda.

Tive um aluno que reconheceu seu traço grosseiro, ríspido, bruto talvez. Eu o conheci, e aquele jeitão era apenas um jeitão mesmo, pois seu coração era imenso, uma das pessoas mais interessantes e interessadas, e que tinha esse jeitão de ser que podemos, de forma ressignificada, dizer que era sincero, objetivo, que buscava clareza na sua mensagem. Porém, quando era ouvido por outras pessoas, principalmente seus liderados, era rotulado como a descrição inicial. A metáfora que o definia era a do Hulk, a personagem verde e agressivo. O trabalho que fizemos mostrou que ele continua sendo este Hulk, pois esta é sua essência, mas não a da agressividade e sim da força. Então sua nova versão é a do Hulk de algodão, ainda forte, mas "macio", melhorado, tornando-se ainda mais poderoso, pois além da força passa a ter a apreço dos outros. Isso é evolução, sem perder de vista o legado desejado, que no caso era o de ser alguém que inspirasse os outros, além de outros traços lindos de seu legado.

Note que uma noção de legado mais ampla como essa, na qual se trata essencialmente do efeito que causamos nos outros (nível de espiritualidade na pirâmide neurológica de Robert Dilts) nos potencializa a sermos lideres e pessoas muito mais potentes, pois cada momento passa a ser uma oportunidade de desenvolvimento desta memória nos outros, independente de que área você atue, e que habilidades você tenha.

Ouvi dizer que Pablo Picasso, que deixou um legado na pintura, ou seja, no resultado de seu talento, era uma pessoa complicada para se conviver. Mesmo esse traço não o impediu de ser alguém que muito ensinou tantos outros artistas. Esse, para mim, é o ponto mais delicado do tema do legado. Pois podemos deixar resultados fantásticos do que nossos talentos nos permitem criar e fazer, mas ainda assim termos sido pessoas más.

Alguns legados são deixados sem que se tenha noção de que tal legado ficará. Quantos artistas criaram obras magníficas e morreram na depressão, esquecidos em suas épocas, humilhados. Mas tendo a crer que estes ainda assim foram fiéis à sua essência, ao seu desejo de evoluir no talento que receberam.

Pensar sobre o legado não é algo recente. Podemos voltar na filosofia grega e resgatar as palavras ecoadas por Sócrates "Conhece-te a ti mesmo". Quão profundo é encontrar esta essência? Talvez neste contexto, o legado a ser deixado são simplesmente os resultados que você irá gerar ao conhecer-se e com isso, apaixonar-se por aquilo de melhor que você pode ser. Pense nisto: ao saber que você pode realmente ser o melhor que pode ser, e não apenas um ser que vive, o que irá lhe motivar? Ser este melhor, um melhor que não tem comparativo com outros; a única referência de melhor aqui é você mesmo. Você poderá se apaixonar por aquilo que poderá vir a ser e a paixão tem uma potência incrível. Ela te impulsiona a fazer o que precisa ser feito. Você elimina a preguiça, a negatividade, o rancor, o ódio. Tudo se torna oportunidade para ser melhor e melhor, principalmente os vales que você vier a enfrentar.

Então, qual o modelo mental que melhor representa a sua autenticidade?

Para responder a essa pergunta vou lhe sugerir outra atividade. Esta não será definitiva, e sim mais uma porta que será aberta e pela qual você poderá decidir entrar e então explorar o que há lá dentro. Vamos dar o primeiro passo em uma longa jornada?

Antes de começarmos peço que você resgate o tema da pirâmide neurológica, pois ela será nosso guia aqui.

VAMOS COMEÇAR!

Lembre-se de seu objetivo aqui e agora. Respire, entre em contato com você mesmo. Sinta seu corpo, sua respiração. Se você souber meditar, sugiro que o faça, caso não saiba apenas desligue-se do mundo externo, nada de celular, outras pessoas ao redor, tablets, nada. Apenas você, o livro, papel e caneta.

O objetivo é construir uma visão de seu modelo mental. O Modelo mental é bastante amplo no que tange sua formação, assim faremos uma versão mais simples possível neste momento, de acordo? Vamos olhar para o conjunto de seu legado, seus valores e suas crenças.

Resgate o seu legado. Leia-o com seu corpo. Isso significa que o fará sentindo o que você está lendo. Seja honesto(a) com o que lê. É só você agora. Veja se ao ler você se sente feliz, realizado. Pense como se você estivesse em seu túmulo e aquilo que você está deixando para trás lhe permite seguir para outra dimensão de existência, independentemente de sua crença religiosa ou espiritual. Mesmo como ateu, você pode se perguntar: "Este legado me deixa em paz para me tornar pó e apenas pó?"

Sinta como é isso para você e deixe uma imagem surgir em sua mente. Não a crie, apenas deixe ela surgir. Pode ser a metáfora que lhe representa. Pense nessa metáfora. Se for uma imagem que você pode encontrar e fisicamente olhar para ela, faça isso e veja se mexe com você igual ou mais potentemente do que o que você escreveu.

Feito isso precisamos pensar nos valores que sustentam essa metáfora. Busque em seu legado as palavras-chave que poderemos classificar como valor. Note que valor é aquilo que é importante para você. A parte prática dos valores é que elas definem o porquê você faz as coisas na sua vida, assim como suas crenças. Podem aparecer em seu texto palavras como, família, honestidade, tempo na natureza, música, viagem, integridade, segurança, reconhecimento, filhos, sucesso, inspiração, liberdade, alegria, desafio, inovação, serenidade, respeito, atitude positiva, pragmatismo, trabalho, confiança, talento, leitura, aprendizado, diversão dentre inúmeros outros valores possíveis. Suas crenças estão de certa forma embutidas em seus valores. O consultor Odino Marcondes fala algo que gosto bastante sobre este tema: "Valores são as crenças que atestamos.". Ou seja, aquilo em que acreditamos, mas que foram comprovados.

Vamos ir mais fundo nas crenças agora. Escreva os seus principais mantras, frases ou palavras que você repete com frequência. Existem as mais variadas crenças: "Só acontece comigo", "O mundo é uma selva", "Estou aqui para vencer", "Cada dia é uma benção", "Deus olhou para mim e disse: esse cara é único", "Viver e aprender é o que importa", "Só não tem jeito para a morte, o resto a gente cuida", "Eu sou eu e o resto que se dane", "O dinheiro traz felicidade", "A vida é um terreno fértil". Escreva o máximo que conseguir, pelo menos umas 20 frases. Sim, vá ao extremo. Feita esta lista volte no seu texto do legado e veja que crenças aparecem por lá. Esta etapa é importante, pois o que estamos fazendo aqui é identificar o Modelo Mental ideal, isto é, aquele que você ainda não tem. Por isso, talvez você verá em sua lista crenças e valores que vão contra ou que atrapalham as crenças e valores que você deseja ver explicitados no seu legado.

É nesse sistema que reside seu potencial de mudança, pois suas crenças e valores bloquearão qualquer vontade de mudar. É um trabalho profundo cujo resultado talvez não alcancemos neste exercício. Mas como eu disse, vamos abrir uma porta e algo que você poderá ver lá dentro é o que você precisa ressignificar em suas crenças e valores para poder seguir em frente. Talvez aqui o auxílio de um coach seja muito bem-vindo.

Agora, convido você a olhar para o nível de habilidades, suas capacidades. Pense assim: "Para realizar este meu legado, quais habilidades tenho que desenvolver? O que eu preciso saber para poder alcançar isso?" Quando aplico este exercício com meus alunos e entramos nesta fase, temos um momento muito bacana de exploração do "como" alcançarão o legado desejado. Este é o nível da estratégia.

Vamos pegar o exemplo do nosso Hulk de algodão. Para alcançar o legado desejado dele, uma habilidade que ele tinha que desenvolver era a escuta ativa. Fazia muito sentido para alguém com tanta força e vontade em legado de ser alguém que inspira outras pessoas. Para inspirar precisamos entender o outro e nos conectarmos com o outro. Estamos falando também de empatia.

A pergunta-chave aqui é realmente "Como faço para alcançar este legado?"

Para que você tenha uma referência, seguem alguns exemplos de habilidades:

- INTELIGÊNCIA EMOCIONAL, SENDO ESTA BEM ABRANGENTE PARA MUITOS CASOS.
- FLEXIBILIDADE.
- AUTOCONFIANÇA.
- INICIATIVA.
- COMPETITIVIDADE.
- VISÃO DO OUTRO.
- INFLUÊNCIA.
- TRABALHO EM EQUIPE.
- VISÃO DE NEGÓCIO.
- ADAPTABILIDADE.
- CRIATIVIDADE.
- EMPREENDEDORISMO.
- GESTÃO DE PESSOAS.
- NEGOCIAÇÃO.
- ORIENTAÇÃO PARA SERVIÇO.
- PENSAMENTO CRÍTICO.
- JULGAMENTO E TOMADA DE DECISÃO.
- FLEXIBILIDADE COGNITIVA.
- LINGUAGEM DE PROGRAMAÇÃO.
- LIDERANÇA.

- Comunicação.
- Aprendizado rápido.
- Foco.
- Resiliência.
- Meditação.
- Gratidão.

Reforço que se trata de entender quais as habilidades necessárias e não as que você já tem. Talvez você já tenha algumas necessárias, outras que precisam ser desenvolvidas e ainda as que precisam ser aprendidas. Tenha esta lista em mãos.
Neste momento você tem:

- Sua metáfora.

- Seu primeiro rascunho do sistema de crenças e valores.

- Uma lista inicial das habilidades necessárias.

Importante lembrar que com a rápida mudança do mundo talvez você deva revisitar sua lista algumas vezes e ver se alguma nova habilidade lhe será mais adequada frente ao contexto, principalmente o digital. Por exemplo, se parte de seu legado é ter influenciado o máximo de pessoas com suas ideias, então aprender sobre marketing digital seja uma habilidade importante. Outra seria falar em público.

Agora vamos granular suas habilidades, ou seja, vamos transformar suas habilidades em algo palpável. Vale lembrar que habilidade não pode ser vista, apenas o comportamento. Então como sabemos se alguém é realmente hábil para fazer o que faz?

O primeiro caminho é ver se a pessoa faz o que faz com facilidade e se o que faz é algo complexo. Complexidade executada de forma que parece a quem vê algo fácil é um sinal grande de que se tem habilidade. Por exemplo andar de bicicleta. Embora muitos saibam fazer não se trata de uma habilidade simples, se assim fosse não demandaria tempo para aprender. Note que ao olharmos alguém andando, imediatamente sabemos que tem ou não esta habilidade. Contudo, os profissionais da bike sabem fazer coisas extremamente complexas que nem se quer poderíamos imaginar serem possíveis e ainda assim fazem parecer ser fácil.

Outra forma é a repetição de um comportamento gerando resultados similares ao longo de um tempo. Neste caso estamos em um contexto em que há comparativos imediatos. Pense em uma copa do mundo. Sabemos que todos que estão lá são capacitados para jogar futebol acima da média. Contudo, a régua aqui é bem alta, assim como nas olimpíadas. Então não se trata apenas de ver se a pessoa faz com facilidade aquela atividade e sim se ela o faz com melhor destreza do que os outros que lá estão, o que pode nos levar a pensar que realmente são hábeis, mas não necessariamente merecedores de estarem onde estão ou ganhando o que ganham.

Há ainda uma complicação interessante aqui. No exemplo do futebol, podemos ter jogadores tecnicamente muito hábeis, mas que a falta de outra habilidade vem a danificar esta habilidade anterior. Estou falando da capacidade de controlar suas emoções, por exemplo. Esta habilidade é superior a habilidade do jogar futebol, pois ela está intrínseca ao existir da pessoa, até mesmo está impregnada em sua biologia e se não houver o aprendizado sobre como domar esta biologia a habilidade de jogar cai por terra, literalmente. Por isso, inteligência emocional torna-se cada vez mais uma habilidade essencial, independentemente do legado.

Vamos então agora granular suas habilidades.

Pegue sua lista e faça o seguinte:

De um lado as habilidades e de outro lado, comportamento, fazendo assim duas colunas. Veja o exemplo a seguir:

Habilidades	Comportamentos
Inteligência emocional	• Estado de serenidade • Semblante calmo • Baixa agitação corporal • Faz perguntas interessadas no outro • Olha nos olhos • Dizem não quando necessário • Descansam • Dormem bem • Não se comparam aos outros
Foco	• Fazem uma coisa de cada vez • Deixam celulares de lado quando não estão no foco de sua atividade • Não se distraem com movimentações externas
Gratidão	• Expressam verbalmente o lado positivo das coisas • Agradecem as pequenas coisas • Mostram aos outros as oportunidades nas adversidades

Estes são apenas pequenos exemplos para que você possa materializar a visão de como eu entendo a relação da habilidade com o comportamento. Segundo Dilts, a habilidade é como fazemos e o comportamento é o que fazemos. Pode ser que na prática apareçam dúvidas entre um e outro, mas veja bem: para identificarmos os comportamentos eles precisam ser vistos, com os olhos, com os sentidos. Às vezes não vemos com os olhos que alguém se importa conosco, mas sentimos isso. Também podemos ver que alguém se importa conosco, com o seu gesto, um presente, uma fala, um tom de voz. Reforço que comportamento é algo que, para nosso exercício, causa impacto em nossos sentidos e, de certa forma, podermos medir isso.

Por fim, chegamos ao nível do ambiente. Tudo isso gera um efeito no ambiente, principalmente no que tange ao como sentimos este ambiente. Pense nas suas ações. Uma vez implantadas, como fica o ambiente em que você está?

Aqui faço uma intervenção pessoal. Tecnicamente o ambiente diz respeito ao "Onde e quando" as coisas acontecem. Também diz respeito aos limites que enfrentamos, como distância, por exemplo. O nivel de ambiente também traz as oportunidades e ameaças que se enfrenta, como proximidade física com algum local perigoso, uma fábrica por exemplo, ou no tema da oportunidade, estar em uma cidade em que existem mais ofertas de empregos. Contudo, minha intervenção aqui, de certa forma conecta, como em um circulo, o nível de espiritualidade com o do ambiente, trazendo então o aspecto do impacto de nossas ações. Por que escolhi fazer isso? O nivel de identidade é quem cria a visão. Já o comportamento, que é realizado por um "alguém" (nivel de identidade) afeta o ambiente em que estamos, mas não somente em suas características físicas, afeta também o "clima do lugar", as pessoas que nele estão. Os exemplos que trago a seguir visam trazer justamente esta minha proposta de intervenção, focando em dois pilares: ambiente sentido de forma positiva ou negativa.

- Leve
- Saudável
- Gostoso
- Prazeroso
- Divertido
- Amigável
- Confiável
- Desejável
- Competitivo
- Cooperativo
- Luminoso

- Pesado
- Tenso
- Opressivo
- Limitado
- Criativo
- Inovador
- Ágil
- Fácil de habitar
- Tranquilo
- Insuportável
- Tolerável
- Animador
- Zen
- Inspirado

Trato agora do impacto físico no ambiente. Por exemplo, pode ser que você decida mudar as mesas de lugar para poder realizar um valor, como proximidade, abertura, transparência. Por isso, note que não necessariamente sua empresa precisa de mesas de ping pong, pufes, escorregadores, guloseimas, academias. Decidir por isso é estratégia e não modismo. A pergunta chave aqui é: "Como deve ser o ambiente físico e os estímulos para que se tenha as sensações desejadas, que promovem os comportamentos necessários e que facilitam a realização dos valores e do legado almejado?"

Você agora deve ter em mãos um bom mapa do Modelo Mental sobre o você do futuro. Minha sugestão agora é que você faça o mesmo exercício, mas traduzindo quem é você no presente, para que possa então identificar as diferenças entre um e outro e possa então trabalhar sobre eles. Para esta etapa ser bem feita, aconselho que convide três pessoas que o conheçam muito bem. Os seus mantras já foram escritos por você.

Peça para que validem o que você disse.

Níveis	Do legado	Do Estado presente
Espiritualidade	• Coloque aqui como as pessoas são afetadas por você. • Escreva sua visão da seguinte forma: - Comece com um substantivo. Verbo é ação e Visão é um quadro, por isso o verbo entra somente na missão, ok? - Que seja curta. - Atemporal. - Que tenha uma certa tensão interna, que traga um "que" de Utopia. • Alguns exemplos: "Um lugar em que pessoas se sentem crianças." "Pessoas autênticas no ambiente corporativo." (Esta é a minha visão"	• Peça para as três pessoas lhe contarem como se sentem quando estão com você. (Cuidado para não ficar apenas com as coisas positivas.)
Identidade	• Coloque aqui a metáfora criada. • Escreva também a sua missão. Esta precisa de um verbo e condições. Trata-se da estratégia mais ampla para construir sua visão. • Se pegarmos a minha visão "Pessoas autênticas no ambiente corporativo" terei a missão: "Provocar, Inspirar e Promover reflexões transformadoras através de treinamentos e ensinamentos."	• Peça para as 3 pessoas lhe falarem uma metáfora que lhe defina na opinião delas. (Veja se a metáfora condiz com o nível acima).

CRENÇAS E VALORES	• Liste aqui os valores e crenças que você estraiu do seu legado.	• Peça para as 3 pessoas lhe contarem seus mantras e o que percebem serem coisas importantes na sua vida (Compare com o que você escreveu sobre você mesmo)
HABILIDADES	• Descreva as que você considerou importante para seu desenvolvimento conforme exercício.	• Peça para as 3 pessoas lhe contarem o que entendem serem suas habilidades atuais. Escreva você também as Habilidades que você acha ter atualmente.
COMPORTAMENTOS	• Descreva os comportamentos que você identificou no exercício.	• Peças para as 3 pessoas lhe contarem o que veem você fazendo de acordo com as habilidades que lhe descreverem.
AMBIENTE	• Descreva o ambiente conforme o exercício.	• Descreva o ambiente, nos mesmos termos da sua casa, do seu trabalho, junto com seus amigos, em sua comunidade religiosa, caso tenha uma, e outros ambientes que você frequenta com bastante frequência.

Uma vez completa essa tabela, você conseguirá ter clareza sobre as diferenças entre uma coluna e outra e onde estão os pontos centrais de mudança.

Para começar a mudar, comece pela sua visão, a Espiritualidade. Visite então sua identidade, sua metáfora e sua escrita. Verifique então suas crenças e valores e identifique aquelas que melhor lhe darão sustentação para assegurar a metáfora e a missão que você criou.

Sucesso na realização de seu legado!!! Seja feliz.

Mindflow na era da Transformação Digital

Lembra-se do tema do contexto no tripé C.E.I.? Vamos resgatá-lo agora trazendo uma situação em que você poderá utilizar o mindflow que você acabou de construir no capitulo anterior em um contexto específico e inevitável, o da Transformação Digital.

As mudanças que a tecnologia tem trazido afetam a relação dos componentes de um sistema. Assim temos uma transformação, que no caso, se dá pelos meios digitais. Algumas destas tecnologias, tidas como disruptivas são a Inteligência Artificial, o Big Data e o Analytics. Estes recursos tecnológicos estão, juntamente com outros recursos, por trás de muitos dos aplicativos que utilizamos no dia a dia, como as redes sociais, aplicativos que nos ajudam no trânsito dentre muitos outros.

Como estamos imersos neste mundo digital, ignorá-lo seria construir um mindflow ineficaz para lidar com esta realidade.

Meu convite para você agora é considerarmos alguns aspectos da transformação digital para que você possa confrontar com seu mindflow e verificar se o que você construiu lhe dá condições de lidar com a realidade digital.

Para fazermos este comparativo, o recorte que trago para você tem os seguintes aspectos:

1. Utilizo algumas das considerações que o autor David L. Rogers faz no questionário apresentado ao final de seu livro "Transformação Digital."
Considero importante usar, justamente este questionário, pois Rogers cita no capitulo "autoavaliação" a necessidade de se adaptar o pensamento e mostra em que áreas nosso pensamento precisa se adaptar. O que faremos aqui é um pequeno salto, pois além de você saber algumas destas áreas poderá já utilizar o que você sabe de mindflow e níveis neurológicos para também identificar, que áreas dos mindsets que você carrega, precisam ser alteradas. A sua vantagem aqui é que, mais do que apenas identificar onde mudar, agora você também sabe como mudar e assim acompanhar as transformações de forma fluida.

2. As considerações feitas por David levam em consideração a perspectiva organizacional. Creio que podemos expandir esta visão e pensar pela perspectiva de qualquer pessoa que interage com outras na prestação de algum serviço ou venda de algum produto.

No questionário o autor apresenta duas colunas, sendo que uma delas traz aspectos que tratam de uma postura adequada para se navegar no mundo digital e outra inadequada.

Postura inadequada	Postura adequada
• *Nosso foco competitivo exclusivo é superar os nossos rivais.*	• *Estamos abertos para colaborar com nossos rivais e competir com nossos parceiros.*
• *Usamos nossos dados para gerenciar o dia a dia de nossas operações.*	• *Gerenciamos os nossos dados como ativo estratégico que estamos construindo ao longo do tempo.*
• *Tomamos decisões com base em análises, debates e nível hierárquico.*	• *Tomamos decisões com base em experimentos e testes, sempre que possível.*

• Tentamos evitar o fracasso em novos empreendimentos a todo custo.	• Aceitamos o fracasso em novos empreendimentos, mas procuramos reduzir os custos e aumentar o aprendizado.
• Os gestores são responsáveis e recompensados pelos resultados imediatos na realização de objetivos passados.	• Os gestores são responsáveis e recompensados com base nos objetivos de longo prazo e nas novas estratégias.
• Nossa maior prioridade é maximizar o retorno para os acionistas.	• Nossa maior prioridade é criar valor para os clientes.

Você percebe que estamos falando de um mindflow? Cada um dos pontos aqui apresentados pede um mindset específico.

Peguemos como exemplo a seguinte afirmação:

"Tentamos evitar o fracasso em novos empreendimentos, a todo custo."

Esta é um declaração nitidamente inadequada para se navegar em meio a transformação digital. Se estamos falando de transformação, significa que, com as mudanças nas relações entre os componentes de um sistema, o novo não traz consigo um manual e para nos adaptarmos a ele passaremos por um período de aprendizado e por isso, por um período de erros.

A inadequação da afirmação acima nos parece óbvia, mas o quanto ela está presente no dia a dia da maioria das empresas? O quanto ela está impregnada na nossa forma de viver em geral? Como você lida com o erro, seu e dos outros?

O Contraponto daquela afirmação é

"Aceitamos o fracasso em novos empreendimentos, mas procuramos reduzir os custos e aumentar o aprendizado."

Agora que você sabe disso a situação está resolvida? Será que hoje mesmo você passa a aceitar o fracasso, fará um plano de redução de custos e buscará o aprendizado a cada etapa do processo? Se seu mindset sobre este tema estiver adequado, somente esta informação (semente) encontrará terreno fértil para nascer. Porém esta não é a realidade na grande maioria das empresas. Estas vêem de uma história que as ajudou a construir um mindset de controle, previsibilidade, acertos. Isso vem de longa data. De nossa infância. Nossas crianças, até hoje, estão sujeitas à construção de um mindset averso ao erro. Basta ver, como exemplo, como as provas nas escolas são aplicadas. Ou tem resposta certa ou errada. Não tem meio termo. Claro que, em se tratando de matérias escolares os princípios, conceitos e regras apresentados são fixos. Contudo, meu foco aqui está na experiência que promove a construção dos mindsets, principalmente na fase infantil. Esta experiência está na relação do aluno com o educador.

Em muitas provas, crianças criativas apresentam respostas das mais diversas e justamente nestes momentos que se perde a chance de ajudar a criança a construir um mindset robusto para acolher o erro. Veja estes dois exemplos[3]:

"Qual a função do apóstrofo?"
Apóstrofos são os amigos de Jesus que se juntaram naquela jantinha que Michelângelo fotografou!"

Outro exemplo:
"Explique, resumidamente, o processo de destilação simples.
Faça uma linha no chão. Atravesse-a e você estará daquele lado, atravesse de novo e você estará destilado. Viu como é simples?"

Neste segundo caso, o educador fez o seguinte comentário na prova: "É assim que você encara as aulas de ciências?? Como forma de construir piadas?? Você está confundindo as coisas, já está na hora de levar a escola a sério!!

Este comentário foi escrito na prova do aluno com caneta vermelha!!!!!

---

3 Estes exemplos foram colhidos no módulo de NeuroAprendizagem do curso GEN conduzido por Inês Cozzo).

Não se trata de aplaudir o aluno pelo erro. Também não exime o educador de sua função de ajudar o aluno a construir o conhecimento sobre a matéria. Trata-se da forma como o educador cuidou da situação. Esta experiência na cabeça do aluno, junto com tantas outras similares ao longo de sua vida escolar geram que tipo de mindset?

Uma alternativa mais acolhedora para o comentário do educador seria:

"Querido aluno! Sua criatividade é incrível. Dei muita risada quando li sua resposta. Gostaria de lhe propor algo: que tal usarmos sua criatividade para explorar a ciência?
Ah! Quanto a esta resposta, infelizmente devo dizer que você ainda não acertou segundo o olhar da ciência, mas com esforço e criatividade acredito que você também dominará esta matéria."

Vamos considerar que o aluno "destilado" cresceu, tornou-se gestor de uma corporação, que reforçou por muito tempo a aversão ao erro e que agora deseja adequar-se ao mundo digital. Cabe àquele aluno implantar um novo olhar na empresa. O consultor que ele contratou para ajudar nesta implantação lhe disse: "De agora em diante você deverá aceitar o fracasso em seus novos empreendimentos, procurando reduzir os custos e aumentando o aprendizado."

Se a negação não for imediata, a pergunta que naturalmente deve surgir é "Como farei isso?"

Uma das respostas possíveis é a revisão do mindset. É isso que lhe proponho fazer agora.

Pegue os níveis neurológicos e construa os três níveis superiores, Espiritualidade, Identidade, Crenças e Valores à luz de qualquer uma das seis afirmações apresentadas. Considere a afirmação da coluna "Postura Adequada."

A Título de Exemplo manterei a afirmação que venho utilizando.

> "Aceitamos o fracasso em novos empreendimentos, mas procuramos reduzir os custos e aumentar o aprendizado."

O nível de Espiritualidade considera o "nós", o sistema global, aquilo que transcende o "eu". Assim, neste momento vamos nos dedicar a construir uma visão.

Note que a própria afirmação traz implícita a visão, que pode ser então redigida da seguinte forma:

> "Aqui fracasso, custos baixos e aprendizado andam de mãos dadas!"

Consegue imaginar este quadro? Daria até mesmo para desenhá-lo!

O próximo nivel afetado por esta visão é o da identidade, que também representa a missão, isso é a forma como esta visão será construída!

Uma sugestão de redação para este nivel é:

> "Construímos a cada dia relações de confiança! Não temos medo do conflito aberto e produtivo. Colocamos na mesa nossas ideias, falamos de nossos erros. Nossas métricas visam manter o custo baixo estimulando nossa criatividade e a audácia!"

Não há uma missão única para cada visão. Você pode construir qualquer missão, desde que construa a visão.

Um exercício bacana é a criação de uma metáfora para o nivel de identidade. Ao ler a missão que escrevi como sugestão acima, qual imagem lhe ocorre? A de um pintor que sabe usar diferentes cores e formas para pintar a visão? Um jardim? Aqui o céu é o limite, mas o céu é sua missão.

No nivel de Crenças e Valores, desdobramos a missão e a visão. São os atributos que darão sustentação para estes níveis superiores.

Três sugestões de crenças:

1. Ninguém é perfeito, por isso uma hora irá fracassar!
2. Todos podem ter ótimas ideias.
3. Nenhum julgamento precipitado deve ser levado em consideração.

Três valores:

1. Transparência
2. Confiança
3. Coragem

Não há necessidade de se ater a apenas três crenças e três valores, mas sugiro que não extrapole mais do que cinco, pois afinal temos que lembrar deles.

No caso dos valores, a ordem que sugeri, ou seja a escala de 1 a 3 é proposital. Dentre eles, a transparência deve vir primeiro, neste nosso exemplo. Com a transparência alimentamos a confiança e com ela a coragem de se expor e tentar. E lembre-se, a função prática do valor é balizar nossa tomada de decisão.

Os níveis seguintes devem também ser desdobrados, principalmente o da habilidade/capacidade, pois neles você determinará o que deverá ser desenvolvido, aprimorado ou ensinado para sua equipe ou para você mesmo no intuito de sustentar, na prática toda a construção feita nos níveis superiores.

Contudo, a grande sacada vem agora. Uma vez determinado o mindset ideal precisamos cruzá-lo com o seu mindset. É neste momento que você identificará o que de fato precisa ser mudado. Busque no nível de Crenças e Valores os aspectos coincidentes e os aspectos conflitantes.

Por exemplo: Se no seu mindset está a crença de que somente o chefe deve trazer as ideias e seus funcionários devem somente executar, encontrará um aspecto conflitante com a crença que diz "Todos podem ter ótimas ideias."

Se um dos seus valores é a meritocracia, devido ao aspecto individualista deste valor, note que eu não disse aspecto errado, pode ser que você decida não ser transparente, pois isso pode afetar sua estratégia política de ascensão na companhia.

Perceba que este processo todo, o de identificar o seu mindset, o mindset ideal para um dado cenário e cruzá-los traz para a consciência os aspectos chave que devem ser cuidados para promover a transformação necessária.

Trazer tudo isso para a consciência nos permite ver quais aspectos estão nos travando e assim decidir agir. Toda mudança intencional vem com uma visão a consciência do que precisa ser mudado.

Imagine fazer este exercício para todas os aspectos de nossas vidas. Interminável! Aqui entra o mindflow. Com a prática de trazer à tona os três pilares do mindset (Espiritulidade, Identidade, Crenças e Valores) conseguiremos, de forma consciente, cruzar cada situação que enfrentamos com este mindset e suas variações, e assim permitir emergir, dia após dia, o nosso ser mais autêntico.

...

Parte 9
Aplicando o Mindflow no contexto da aprendizagem (corporativa e pessoal)

...

Como eu faço?

(Para pensar experiências de aprendizagem)

Esta etapa do livro ilustra a forma como aprendi a construir soluções em educação corporativa. Creio que pode ir além disso, mas nunca utilizei para outros fins, a não ser para criar experiências de educação como treinamentos, workshops e palestras, bem como programas mais amplos e de maior duração do que apenas algumas horas em sala de aula.

Este é um processo que se segue ao de diagnóstico, pois elaborar uma solução para algo que não se sabe o que é parece ser, de fato, pura loucura, mas acredite, acontece.

Assim, vamos considerar que você está ciente do que precisa resolver: qual o objetivo, o desafio e o problema.

Como disse, trago aqui à luz da visão do desenvolvimento de experiências de aprendizagem, que no meu caso é focado em empresas, o conhecido B2B (Business to Business).

Mas antes de entrar nos 4 passos deste processo, preciso lhe contextualizar sobre o que você lerá.

Este método é a união de diferentes percepções que fui colhendo ao longo de minha carreira, tendo em minhas experiências os aprendizados que me levaram a este contexto. Não existe um momento "aha!!!!" ou epifânico, como talvez muitos esperam. Isso levou pelo menos oito anos para acontecer e creio que o ponto central era justamente obter condições de alcançar um nível de clareza sobre o que fazer e ter esse "norte" em mente ao longo de todo o processo de desenvolvimento, desde a concepção da experiência de aprendizagem, até sua efetiva entrega e validação.

Perder o fio da meada no meio do caminho é bastante fácil. Acabamos nos pegando em meio aos afazeres, nas burocracias, nos limites de budget, nas variáveis não consideradas, em cujo âmbito entra o humor do chefe, que de uma hora para outra pode mudar o processo ou pedir para incluir temas, etc.

Neste processo que vou lhe propor, que está longe de ser o único, você terá as referências conceituais sobre as quais fará o desenvolvimento de seu próprio programa educacional. Ah! Caso tente isso em outras áreas da empresa ou da sua vida, partilhe comigo e minha equipe, ok? Pode mandar um e-mail para contato@kuratore.com.br. Será um prazer.

Como disse, embora longe de ser a sua única opção para criar uma solução em aprendizagem, essa é uma que funciona para mim, talvez pelo meu perfil de atuação, ou porque outros sistemas para mim não funcionaram.

As 4 etapas focam na essência, mantendo-me com o aprendizado que tive com meu avô, como lhe contei no início deste livro. Uma vez a essência entendida e clarificada, fica bem mais fácil desdobrar em atividades. Isso, contudo, não exime o responsável pelo processo de ter em mãos ferramentas adequadas para que tal execução aconteça, bem como pessoas e consultores, professores capacitados para tanto. Trata-se de começar direito, como ilustrado na analogia do terreno e a semente. Terreno mau-preparado, mesmo que a semente seja boa, rouba o potencial de se conseguir bons frutos, assim, vamos preparar bem o terreno, vamos entender com clareza o conceito a ser trabalhado e dele desdobrar as ações.

Toda história tem um começo, e a jornada que levou ao entendimento deste processo, que logo partilharei com você, iniciou-se no ano de 2011.

Um amigo com quem fiz um curso na Babson College, em Boston, em Abril de 2011 precisava construir um treinamento de vendas para suas gerentes distritais. O bacana de quando se tem amigos audaciosos, caso do Milton, é que estão abertos às doideiras de quem quer fazer diferente.

Liguei para ele, quando ainda nem sabia da intenção ou necessidade de tal programa. Era a fome com a vontade de comer. A minha sugestão foi transformar um treinamento de 8 ou 16 horas em um programa de três meses, com inserções de conhecimento todos os dias. Como eu disse, doideira, mas o Miltão aceitou.

Já neste primeiro laboratório prático para a ideia maluca de fazer todos estudarem todos os dias durante o horário de trabalho teve seu início na redação de uma narrativa. Uma estória que ilustrava aquilo que desejávamos. Essa foi uma atividade intuitiva, sempre gostei de estórias e sempre as concebi como uma forma de condensar muita informação em poucas palavras, mas não tinha ideia da potência por trás desse processo, até mesmo porque no meio do caminho essa estória inicial foi pouco visitada. Hoje vejo que deveria ter sido mais, embora, para aquele caso não tenha afetado o trabalho final, que teve incrível resultado. Quando digo incrível é porque, com o programa, a meta de vendas dele estabelecida para o final do ano de 2013 foi batida em meados de agosto do mesmo ano. Uau!!! Não tinha ideia de que isso seria possível, mas foi.

Este programa chamava-se Inception, pois carregava a ideia de "inserir" uma nova ideia todos os dias na cabeça das pessoas.

De tudo que fizemos, o principal ponto foi justamente a estória criada lá no começo. Esse foi o começo desta metodologia que lhe proponho.

Os 4 passos para desenvolver a essência de um programa de aprendizagem

(tanto na sua empresa como na sua casa, comunidade, enfim, onde a aprendizagem puder existir)

Vale lembrar que embora esta forma de criar uma experiência de aprendizagem tenha como foco os treinamentos corporativos, creio que possa também ser usada para criar experiências em suas comunidades, família, escolas.

1º PASSO | Escreva o Objetivo de Aprendizagem.
Perceba que o objetivo de aprendizagem é específico para a aprendizagem, isto é, para o momento da entrega, da experiência. Já neste começo o cuidado para não estabelecer objetivos ilusórios é fundamental, pois deste primeiro passo virão os próximos.

Uma característica fundamental é que esse objetivo traz um verbo e cada objetivo desenhado traz apenas um. Justamente a ação proposta no verbo escolhido nos dará o norte, para o qual vamos desenvolver todo o processo de construção da essência do programa a ser proposto.

A definição do verbo pode ser balizado pela Taxonomia de Bloom.

No alvorecer de 1960, Benjamin Bloom e um comitê universitário identificaram três domínios de aprendizagem: cognitivo, psicomotor e afetivo. Quem trabalha com treinamento e desenvolvimento costuma utilizar "conhecimento" para referir-se ao cognitivo, "habilidades" (Skills) para o psicomotor e "atitude" para afetivo. Em inglês torna-se a sigla KSA (Knowledge, Skills, Attitude).

O KSA seria então o objetivo final do processo de aprendizagem. Muito provável que se você é da área de T&D isso está longe de ser uma novidade. Mas continue por aqui, pois chegarei no ponto em que talvez eu possa ser útil para você também.

O Comitê de Bloom expandiu esse conceito criando uma hierarquia e ordenando os resultados dos processos cognitivos e afetivos, o que resultou em um processo que começa do comportamento mais simples para outros mais elaborados.

Embora existam outros trabalhos que ampliam a abordagem de Bloom, a dele ainda se faz mais simples e objetiva, pelo menos sendo a mais universal.

Eu sugiro a utilização da tabela de Bloom, que conheci durante um curso que fiz em São Francisco pela ATD. A internet está carregada com vários exemplos desta tabela. Como somos cada vez mais digitais, sugiro que encontre a formatação que melhor lhe atende. Inclua na sua busca a ATD no seguinte site: https:// www.td.org

Ainda inspirado na ATD, o método utilizado para o estabelecimento de um objetivo de aprendizagem é conhecido como ABCD.

AUDIENCE
    O público participante
BEHAVIOR
    Comportamento – Aqui entra Bloom
CONDITION
    As condições com as quais o processo de aprendizagem acontecerá[4]
DEGREE
    O Grau ou avaliação, forma pela qual saberemos que o objetivo foi atingido

2º P A S S O | **Estabeleça a mensagem central.**

Embora seja divertido escrever o objetivo de aprendizagem, as próximas etapas são mais divertidas ainda, pelo menos para mim, pois exige que busquemos nossa capacidade metafórica.

Parece óbvio, mas podemos nos apaixonar pelo conteúdo de um programa de treinamento e com ele nos perdermos fortemente, deixando de lado a mensagem central. Por isso, uma vez claro o objetivo central, há que se estabelecer a mensagem, o coração do porquê as pessoas vão para um processo de aprendizagem.

Claro que dependendo da duração de um programa você pode ter mais de uma mensagem, mas da seguinte forma:

- Mensagem Central, que vale para nortear o programa inteiro.

---

4 Na forma como os 4 passos da metodologia "Essencial" foi criada, a condição torna-se subjacente ao que for estipulado no processo. Explico melhor adiante, mas em suma, caso você já tenha, é independente do programa a ser feito, uma obrigatoriedade de formato, seja WorkShop, Blended, Palestra etc, então já se tem parte das condições definidas. O bacana é conseguir determinar com maior clareza que condições são essas, se haverá game, que tipo de atividades, discussões, tudo o que for necessário para criar o processo de aprendizagem que tenha o potencial de alcançar o "verbo" determinado. Para mais detalhes sobre o processo ABCD, visite https://w.td.org/newsletters/atd-links/how-to-create-learning-objectives.

- Mensagem central de cada módulo: que vai nortear o módulo em específico, mas que está em linha com a mensagem central do programa.

Mais adiante trarei um exemplo desses passos todos.

3º PASSO | Encontre o "tom" da mensagem.

Uma mesma mensagem pode ser entregue com "tons" diferentes. Dizer alguma coisa corretamente é uma arte. A coisa certa dita de forma errada ou inadequada para o público-alvo pode causar o efeito oposto ao desejado. Bem aquela situação: "Mas não foi isso o que eu disse!"

O que vale é o que o outro entende do que dizemos, por isso acertar o tom é importante.

Aqui entra aquela experiência com o Inception.

A redação do tom é um exercício metafórico, ou seja, busca trazer uma imagem textual, uma forma de expressão que se aproxima mais das estórias e da poesia do que dos memorandos e relatórios.

Abordar o tom desta forma faz diferença, pois o intuito aqui é entender de forma mais profunda como tocaremos o nosso público-alvo e isso não acontece apenas no nível racional, sendo que precisamos ativar um nível mais amplo, o das sensações, das emoções e dos sentimentos. Para esse fim, vamos combinar que "bullet points" estão longe de conseguir sucesso.

4º PASSO | Escreva a Jornada da aprendizagem.

Embora não busque um nível metafórico tão tocante quanto o "tom", a redação da jornada deve descrever o caminho pelo qual o aluno ou participante de um programa de treinamento deve passar. É uma evolução de acontecimentos que se resume em uma pequena estória, ou numa simples construção de eventos que se transforme em etapas mais simbólicas, para que dessas etapas consigamos pensar na entrega de fato.

A caminhada do gigante

O exemplo que segue foi uma construção para um de nossos clientes. Manterei neste momento sua identidade oculta para que não se crie julgamentos e você consiga focar no processo.

OBJETIVO DE APRENDIZAGEM
"Dado o cenário futuro desejado pela XPTO e fornecido à Kuratore, mais os elementos atuais do tripé de mindset da companhia (Políticas, Regras e Métricas) que já sustentam tal cenário em acréscimo às atividades e exposição a serem realizados em sala, os quase 100 líderes participantes no evento reconhecer-se-ão (ou não) como parte integrante do novo cenário."

A saber: Reconhecer-se como parte do novo cenário da XPTO significa entender quais aspectos individuais (líder a líder) alinham-se a este cenário e quais não se alinham.

Esperamos que existam pelo menos três aspectos de valores pessoais que se alinham, e que não existam valores pessoais que sejam fortemente contra os elementos de cenário a serem apresentados, conforme informado pela companhia.

MENSAGEM CENTRAL

"Este é um momento de reconstrução da companhia. Acreditamos que os eventos aconteçam, mesmo quando trazem alto custo monetário, de moral e social, para que possamos rever nossas bases e fazer de nossa existência algo de maior valor, algo pelo que vale viver."

"TOM"

"Fizemos sempre assim. Tornamo-nos um gigante e, como tal, ficamos fortes. Os passos de um gigante levam longe aqueles que viajam em seus ombros. O olhar do gigante enxerga longe, suas mãos podem acolher milhares, cuidar de muitos e plantar demais. Porém, ser gigante não é garantia de grandeza, pois grande é a obra que se constrói e o rastro que se deixa por onde passa. Mesmo gigante, há que se apequenar diante da vida, do outro, daquilo que faz e nos torna gente.

O gigante que não se apequena na humildade pisa onde não deve, pois o cuidado não mais habita sua atenção. Essas pisadas quebram, destroem e abalam vidas, que para um gigante que não tem grandeza, pode parecer um efeito pequeno como indefesas formigas que passam pelos dedos de seus pés durante sua caminhada

Esse gigante, apenas grande a seus próprios olhos, deixa de enxergar longe, pois olha para seu grande umbigo e assim leva sua cabeça a colidir com as montanhas.

Mas quem nasceu para ser grande, um gigante de corpo e alma, também tropeça, cai, abala e chora rios! Porém se ergue, se levanta grandioso para seguir um caminho de grandeza, pois seus pés marcam o traço do novo, suas mãos voltam a acolher e a cuidar e seus olhos incluem toda a criação natural.

Ser gigante de verdade é ser grande em seus atos, ser gigante de verdade, isso vale a pena!"

A JORNADA

"Fatos são fatos e aqueles que nos doem ou deveriam doer trazem um custo alto à nossa existência. Pagamos o preço para aprender e mudar, para aprender e nos transformar em algo melhor. Perde-se para ganhar e acima de tudo para contribuir.

O que devemos aprender com o fato que nos ocorreu?

Qual o nosso "blueprint" daquilo que vamos agora reconstruir?

Queremos ser gigantes pela nossa natureza, queremos ser grandiosos por aquilo que viremos a fazer.

O que faremos então?

Para que possamos fazer qualquer coisa precisamos das peças certas, da colaboração de corpo e alma, da vontade e das habilidades que cada um deve ter.

Quem é você? O que almeja? De que forma a nossa obra o ajuda a construir a sua? Qual semente você quer plantar? Qual fruto quer colher?

Uma reconstrução assim pede diversidade de olhar, diversidade de saberes, mas um único foco, um único destino, uma única obra.

Nosso convite é para que você seja você em sua essência, que construa a sua obra e quando for isso e fizer isso também fará o que a companhia precisa.

Então, você faz parte desta reconstrução?"

Com o texto da Jornada aprovado, desdobramos nas etapas do processo pelo qual os participantes/alunos passarão.

No caso acima, para efeito de curiosidade, as divisões ficaram assim:

1. Fatos são fatos e aqueles que nos doem ou deveriam doer trazem um custo alto à nossa existência. Pagamos o preço para aprender e mudar, para aprender e nos transformar em algo melhor. Perde-se para ganhar e acima de tudo para contribuir.

2. O que devemos aprender com o fato que nos ocorreu?

3. Qual o nosso "blueprint" daquilo que vamos agora reconstruir? Queremos ser gigantes pela nossa natureza, queremos ser grandiosos por aquilo que viremos a fazer.

4. O que faremos então? Para que possamos fazer qualquer coisa precisamos das peças certas, da colaboração de corpo e alma, da vontade e das habilidades que cada um deve ter.

5. Quem é você? O que almeja? De que forma a nossa obra o ajuda a construir a sua? Qual semente você quer plantar? Qual fruto quer colher?

6. Uma reconstrução assim pede diversidade de olhar, diversidade de saberes, mas um único foco, um único destino, uma única obra.

7. Nosso convite é para que você seja você em sua essência, que construa a sua obra e quando for isso e fizer isso também fará o que a companhia precisa.

8. Então, você faz parte desta reconstrução?"

Cada uma das 8 etapas representa uma construção específica. Essa divisão torna-se o roteiro central para a construção do programa, do treinamento, da palestra ou da mensagem que se deseja levar. Trata-se de uma sugestão de como se criar uma experiência de aprendizagem. No caso, tratava-se de um evento de oito horas.

Quem deveria entregar essa etapa? Alguém da empresa ou uma consultoria?

Como deve-se entregar? Com um vídeo, um game, uma apresentação como uma palestra, uma dinâmica?

Em que momento se deve entregar?

Atenção: Esta é uma pergunta importante, pois a construção da jornada também representa a linha do tempo, por isso necessariamente as etapas iniciais também representam os primeiros momentos do processo e assim por diante.

O mais curioso é que se entregarmos este mesmo escopo: Objetivo de Aprendizagem, Mensagem Central, Tom e Jornada para diferentes pessoas, teremos diferentes propostas de "como" entregar a experiência de aprendizagem. Essa amplitude de possibilidades traz uma liberdade para quem dirige o projeto, mas claro que com a liberdade vem a responsabilidade pela escolha que será feita, que ao meu ver deve sempre ser balizada pelo valor entre os parceiros de negócio, e valor aqui não estou falando de preço e sim daquilo que para cada um é importante e rege suas decisões.

Reforço que esta metodologia que utilizo é apenas uma forma que encontrei para construir um caminho seguro no qual as soluções são criadas. Existem diversas formas e jeitos de se fazer. Gosto muito do Design Instrucional (de Aprendizagem) criado pela Flora Alves, o Trahentem® que utiliza o Canvas como pano de fundo.

Inclusive, você pode utilizar ambas as metodologias para criar suas próprias soluções de aprendizagem, já que a que sugiro tem um tom mais filosófico, mais de terreno e o da Flora, uma abordagem bem mais técnica, mais ao estilo semente. Junte os dois e você terá uma potência em suas mãos.

Por fim, espero que você tenha chegado até aqui, mesmo não sendo alguém que trabalha com a educação corporativa. Digo isso, pois talvez você tenha notado que esta metodologia pode ser utilizada em diversos contextos, na verdade, justamente por conta de sua abordagem mais filosófica, ou quem sabe idealista, para alguns.

Para ilustrar o que estou dizendo, pense em algo que você queira resolver em sua empresa ou em sua vida pessoal. Entenda se isso se trata de um desafio, de um problema e qual o seu objetivo com este processo. Talvez você tenha que decidir se tem que trocar de emprego ou se mantém seu filho na escola em que está.

A metodologia pede que definamos um verbo para o objetivo de aprendizagem, mas pode ser um verbo para o seu objetivo em geral. Por exemplo, se você está pensando em trocar de emprego, pense no verbo de seu objetivo. Não se apegue ao "trocar" de emprego, pois este é um tanto quanto indefinido. Vamos ser mais objetivos neste caso. Talvez você esteja querendo algo diferente, ou está muito insatisfeito (a) com a situação atual na empresa. Se isso já estiver muito claro, talvez o que você quer mesmo é uma nova oportunidade em outra empresa, mas ainda não sabe onde ou qual, mas sabe que do jeito que está não está bom e sua decisão é de fato trocar.

Então, que tal definir um primeiro passo assim: Entender o que me diferencia de outras pessoas na concorrência por uma vaga. Pode parecer simples, mas continue nos passos e verá que portas de sua consciência poderão se abrir.

Defina o tom dessa sua busca. Cauteloso, aventureiro, explorador dentre tantos outros. Faça o exercício de escrever o "tom" sobre seu objetivo e sua caminhada. Leia, veja filmes que te inspiram.

Escreva sobre sua jornada. Imagine sua história nessa jornada de entendimento de seu diferencial. Por onde você começa? O que já se aprendeu até aqui? Quais os passos? Como termina? Exercite a escrita do processo. Você verá que não é tão banal nem tão simples assim, pois talvez você se boicote ao longo da jornada. Encontrar dificuldades nessa redação será muito bom, pois lhe obriga a pesquisar, a buscar conhecer mais sobre você mesmo, sobre as mudanças que precisa implantar.

Feito isso, entenda quais as etapas da jornada que você escreveu e comece agindo, fazendo o que precisa ser feito em cada uma delas.

...
Enfim, o seu começo!
...

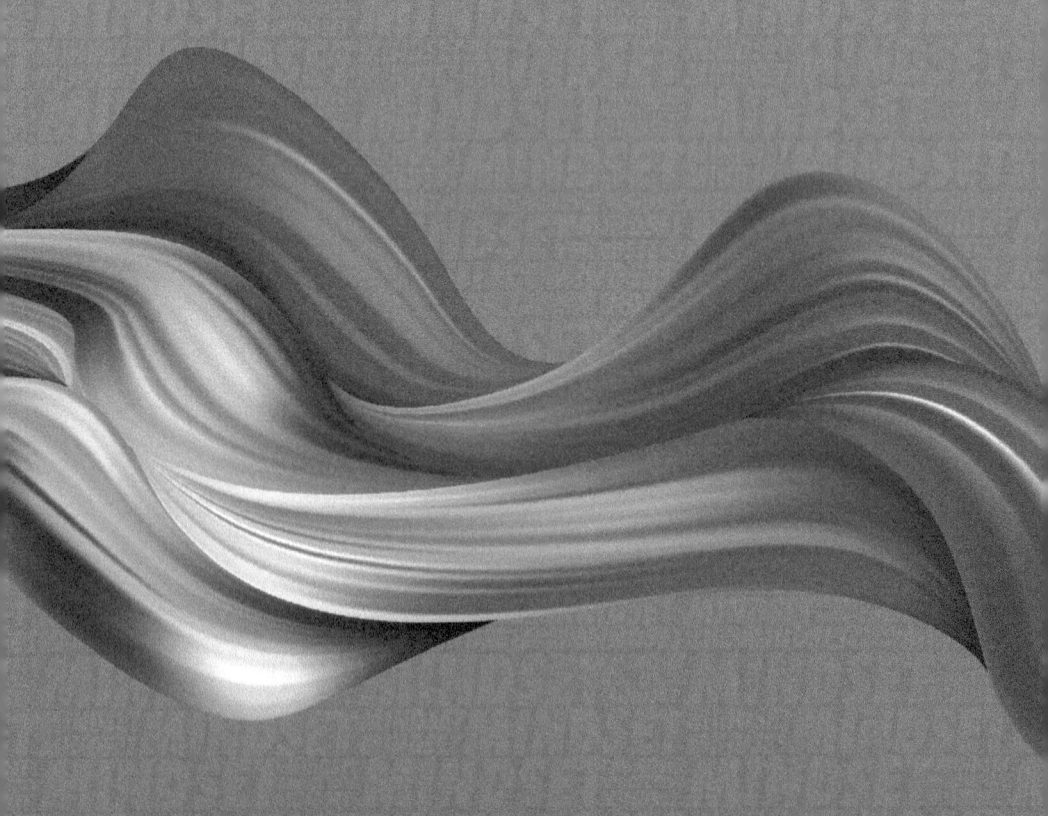

. . .

Na Busca de nosso essencial descobrimos as sementes que temos e precisamos para dar os frutos que nossa natureza pede. Somos terrenos que podem ser férteis quando entendemos os Modelos Mentais que carregamos. Sofremos e causamos mudanças. Dentre elas algumas transformações. Há tempo para tudo! Respiremos cada segundo com nosso melhor trazendo para dentro a inspiração que nos ajuda a revelar nossa autenticidade. Ao expirar que propaguemos inspiração. Que nos encontremos em Estado de Presença, no aqui e no agora cientes do que deve ser colhido e também plantado. Quando você se deparar com seu verdadeiro rosto será inevitável tornar-se grato pela vida e entender que o Futuro do Ser Humano é o outro Ser Humano e que nossa constante evolução acontece quando enfim entendemos o nosso Mindlfow, esse ecossistema em que nos tornamos quem a vida nos trouxe para ser.

Da mesma forma que escrever este livro foi uma jornada de aprendizado, desejo que para você a leitura também tenha sido. Mais do que uma jornada que aqui se acaba, desejo que seja o inicio de uma linda caminhada ao encontro de si mesmo. Que você possa a cada dia olhar no espelho e dizer "Prazer em te ver, pois a cada dia te conheço melhor."

Geralmente agradecemos ao início do livro. Decidi deixar este para o final. Agradeço a você, caro leitor que decidiu vir comigo por essas páginas e desejo que com elas possa ter encontrado inquietações positivas, formas de encontrar caminhos que levem ao seu Mindflow. Maneiras de viver uma vida mais fluída.

Agradeço a minha esposa pelo apoio e por me instigar, quase que diariamente, a focar no livro, nesta contribuição que desejo ter feito para você, leitor. Em especial, aos meus filhos, Lucca e Olivia, que pelo simples fato de existirem mudaram a minha própria existência e com esta mudaram minha forma de ver o mundo, meu próprio mindset. Tornaram-se a minha maior aventura! Obrigado por existirem.

Agradeço a todos os outros autores que me inspiraram, cada pessoa que ciente ou não contribuiu com inspirações, ponderações e provocações. Ao meu editor, Alexandre que acreditou nesta obra e ao meu revisor Leandro, com quem aprendi muito sobre minha própria forma de escrever.

Claro, ao meu saudoso e amado vô Paschoal, que me inspira na busca do essencial constantemente, que Deus o tenha! E pelos meus pais, que me ensinaram a arte da leitura, dentre muitas outras coisas, que quem sabe tome as páginas de um outro livro!

Caro Leitor, Desejo que sua vida seja poética, que expresse a sua verdade e com ela inspire aqueles próximos a você a buscarem seu próprio fluir na vida.

Despeço-me de você com as últimas poucas páginas que seguem. Nelas busquei traduzir em alguns textos poetizados parte daquilo que compartilhei neste livro. Uma breve aventura metafórica para que possa recordar um pouco do que aqui falamos!

Sucesso e alegria!

...

Metafórico

...

"STAR UP"

Como se a pele de meu rosto fosse descolar.

Seguro-me neste estado pois almejo decolar, sem me desgarrar do chão. Quero as estrelas, quero habitar seu habitat.

Aceito até chifre na testa, mas apenas um, para me tornar um animal mítico.

Não sou místico, mas acredito em forças sobre-humanas que transformam mortais em astros.

Sou aficionado por tentar, testar, mas quero também me planejar. Não muito.

Não sou religioso, mas acredito em milagres e tenho fé.

Tenho tanta que desafio as leis da física e as estatísticas matemáticas. No jargão de hoje sou foda, de bike, patinete, comigo ninguém se mete. Não sou super, sou hiper.

Não ouse me chamar de hippie, mas adoro meditar, ir ao cross e ficar fit. Não pego onda, eu crio.

Ponho e tiro o sal, mas espuma é o que fica no final.

"CHEIO"

Estou cheio. Até as tampas. Transbordando.

Mas trata-se de um inchaço, de um copo completo que não mata a sede. A sede persiste e o copo está cheio.

A vida me parece mesmo paradoxal.

Há que se esvaziar o copo para matar a sede. Mas não beber do que transborda.

Há apenas que se esvaziar, tornar-se vazio sem perder o que já se tem! É sede de viver, de ser, de evoluir e contribuir.

Dói por dentro, da alma.

A sede é dela e não do corpo.

Deste mato com o copo cheio, daquela somente com ele vazio.

"EVOLUÇÃO OU DEVOLUÇÃO"

Talvez ao desejarmos evoluir venhamos a entender que se trata de devolver. Não o que nos foi dado e sim quem somos.

Talvez seja isso, nos tornamos nossa evolução pessoal quando devolvemos quem somos àquele que nos criou.

Este tem diversos nomes, inclusive aquele que você deu.

Devolver-se é abrir mão de si mesmo, entregar-se, despir-se de todas as máscaras para assumir seu papel autêntico no palco da vida.

Talvez um devaneio de quem quer evoluir e assim busca um caminho para isso. Devolver-se talvez tenha tantos caminhos como pessoas neste mundo.

Mas me parece certo afirmar que não haverá evolução sem devolução, sem abrir mão e com ela agarrar o desconhecido que se torna conhecido com os novos olhos da rendição. Não se trata de render-se em se entregar.

É mesmo devolver-se para que as camadas que te escondem possam se dissolver e a você ser entregue puro o que devolveu sem apego.

"VEJO"

Depois de uma pilha, não de energia, mas de listas de afazeres, idas e vindas sem chegadas, metas atingidas e perdidas.

Olho no espelho. Não me vejo. Vejo os outros. Escuro, Penumbra.

Procuro-me! Ainda vejo os outros. Eles e elas olham para mim. Uma multidão no espelho olha para mim.

Fecho os olhos. Vejo-me junto à multidão. Parecemos todos iguais.

Olho para mim, lá e aqui.

Vejo dentro o que sempre vi fora.

Acolho esses dois mundos em um só chamado: eu! Vejo a multidão, cada um é um.

Não me vejo lá, me vejo aqui.

"Faces"

A infinidade de faces é assustadora.

Com e sem sorriso, alegres e preocupados. Altivos e serenos, poderosos e transcendentes.

Encanto-me com tantas opções, muitas variações, mas que formem uma face que me agrada.

Coloco algumas. Incomodam como se ásperas estivessem agredindo minha pele. Não é meu, mas o que seria se não eu?

Mergulho mais nas opções, algumas transformo em canções, mas meus ouvidos não apreciam a melodia, não tocam meu ser.

Ser sim, copiar...

Mas Não desisto de buscar, porém a busca cansa e sento-me para descansar. Não somente o corpo, mas os olhos que querem achar fora o que não há. Meus olhos relaxam e se curvam frente a existência.

No curvar, em meio a escuridão encontra a luz, mas daquelas que só vê o coração. Um olhar me vê, por inteiro.

Vê uma face que nunca antes vi. Sou eu!

Cabe a mim assumir esse olhar e aceitar a face que me cabe. Sobre a pele e abaixo dela.

Sobre a terra e acima dela. Uma face que me cabe. Acabou?

Não, enfim começou!

Bibliografia

MANZ, Charles C., PEARCE, Craig L. *Liderança em Rede* (Twisted Leadership) Maven House Press, 2017.

DUHIGG, Charles. *O Poder do Hábito*. Por que fazemos o que fazemos na vida e nos negócios. Objetiva, 2012.

LEVINE, Peter, PhD. *Waking the Tiger*: healing Trauma. North Atlantic Books, 1997.

DWECK, Carol. *Mindset*. A nova Psicologia do Sucesso. Objetiva, 2018.

The Arbinger Institute. *The Outward Mindset*. Seeing beyond ourselves. How to change lives & transform organizations. Berrett Koehller, 2016.

LANGER, Ellen. *Mindfulness*. 25th Anniversary Edition. Life Long Books, 2014.

DOERR, John. *Avalie o que importa*. Como o Google, Bono Vox e a Fundação Gates sacudiram o mundos com os OKRs. Alta Books, 2019.

DILTS, Robert. *De Coach a Awakener*. Leader, 2017.

LALOUX, Frederic. *Reinventando as Organizações*. VOO, 2017.

AGASSI, Andre. *Agassi. Autobiografia*. Globo, 2011.

ROGERS, David L. *Transformação Digital*. Repensando o seu negócio para a era digital. Autêntica Business, 2017.

MARCONDES, Odino. *O Poder de uma visão inspiradora*. Como o Futuro ilumina o presente das organizações. hsm, 2015.

∙ ∙ ∙

*Este livro foi composto nas tipologias
Palatino Linotype e Rollgates,
e impresso no papel offset 75*

DVS EDITORA

www.dvseditora.com.br